Franz M. Wuketits

DARWIN UND DER DARWINISMUS

Verlag C. H. Beck

Mit 13 Abbildungen

Originalausgabe

Gesamtherstellung: Druckerei C. H. Beck, Nördlingen
Umschlagabbildung: Charles Darwin – farbige Zeichnung
nach einer Photographie, um 1880; © akg-images
Umschlagentwurf: Uwe Göbel, München
Printed in Germany
ISBN 3 406 50881 2

www.beck.de

Inhalt

«Ich bin fest davon überzeugt, daß die Arten nicht unveränderlich, sondern daß sie die zu einer Gattung gehörenden Nachkommen anderer, meist schon erloschener Arten und daß sie die anerkannten Varietäten einer bestimmten Art Nachkommen dieser sind. Und ebenso bin ich fest davon überzeugt, daß die natürliche Zuchtwahl das wichtigste, wenn auch nicht einzige Mittel der Abänderung war.»

Charles Darwin

«Ein glänzender Verstand, großartige intellektuelle Kühnheit und die Fähigkeit, die besten Eigenschaften eines ... Beobachters, philosophischen Theoretikers und Experimentators in sich zu vereinen – bisher hat die Welt nur eine solche Kombination gesehen, und zwar in der Person Charles Darwins.»

Ernst Mayr

Einleitung: Charles Darwin und die Revolutionierung unseres Weltbildes

Wir schreiben das Jahr 1860. Am 30. Juni findet in Oxford eine Sitzung der angesehenen «British Association for the Advancement of Science» statt. Der Saal ist überfüllt, die Situation gespannt. Bischof Samuel Wilberforce (1805–1873), ein konservativer Kirchenfürst, richtet an den Naturforscher Thomas Henry Huxley (1825–1895) ironisch die Frage, ob er einen Affen lieber als seine Großmutter oder seinen Großvater haben wolle. Huxley, um Worte nicht verlegen, erwidert mit gleicher Ironie: Als Großvater jedenfalls würde er einen Affen einem Mann vorziehen, der seine Fähigkeiten und seinen Einfluß nur dazu benutzt, eine ernsthafte wissenschaftliche Diskussion ins Lächerliche zu ziehen. Einige Zuhörer glauben gehört zu haben, Huxley wäre lieber ein Affe als ein Bischof. Es kommt zu einem Tumult. Eine Dame fällt in Ohnmacht und muß hinausgetragen werden. Huxley behauptet später, daß er sehr ruhig gesprochen habe, Augenzeugen aber wollen ihn bleich vor Zorn gesehen haben.

Das Thema dieser denkwürdigen Sitzung waren Darwins Theorien. Darwin selbst glänzte durch Abwesenheit. Er kränkelte, wie so oft, und überhaupt absolvierte er nie öffentliche Auftritte. Am 24. November 1859 war sein Buch *On the Origin of Species* (*Über die Entstehung der Arten*) erschienen, in dem er sich über die «Affenverwandtschaft» des Menschen überhaupt nicht geäußert, sondern nur angedeutet hatte, daß – als Folge seiner Auffassungen – auch auf den Menschen und seine Geschichte Licht fallen wird. Aber seine kritischen Zeitgenossen waren hellhörig, wußten – oder glaubten zu wissen –, wovon die Rede war. Und schließlich nannte Huxley, «Darwins Bulldogge», die Dinge beim Namen.

Dennoch ist es falsch, Darwins Werk auf das Problem der Abstammung des Menschen einzuengen. Dieses noch heute oft anzutreffende Mißverständnis zu beseitigen, ist eine der Aufgaben des vorliegenden Buches. Denn Darwins genuine Leistung bestand darin, daß er einen Mechanismus für die Veränderung der Arten (Evolution) anzugeben wußte, nämlich den der *natürlichen Auslese* oder *Selektion*. Das war schon revolutionierend genug. Darwins *Selektionstheorie* nämlich widerspricht grundsätzlich der in der abendländischen Geistesgeschichte und auch im Denken anderer Völker tief verwurzelten Vorstellung, daß die Welt von Absichten und Zielen getragen, Ergebnis eines «intelligenten Plans» (*intelligent design*) sei. An die Stelle einer «höheren» (göttlichen) Ordnung setzte Darwin eine natürliche Kraft und erschütterte seine Zeitgenossen mit Bemerkungen wie der, daß allein aus dem Kampf der Natur, aus Hunger und Tod die Entstehung neuer, immer komplexerer Lebewesen hervorgehe. Eine düstere Vorstellung – auch für viele unserer Zeitgenossen. Daher ist Darwins Lehre, wie die *Evolutionstheorie* überhaupt, immer noch in vielen Kreisen einfach unbeliebt. Anhänger des *Kreationismus*, die den biblischen Schöpfungsbericht wörtlich auslegen, erfreuen sich insbesondere in den USA, inzwischen aber auch vielerorts in Europa, breiter Zustimmung. (Da kann man schon mal vernehmen, daß der Teufel selbst der Urheber der Evolutionstheorie sei.)

Selbstverständlich haben Darwins Theorien – wie wir noch sehen werden, ist es durchaus geboten, dabei im Plural zu sprechen – auch weitreichende Konsequenzen für ein Verständnis des Menschen, seiner Herkunft und seiner Stellung in der Natur. Von Darwins Gedankenwelt bleibt kaum ein Bereich der Humanwissenschaften, der Wissenschaften vom Menschen, unberührt. Ernst Mayr (1904–2005), der selbst wiederholt – und aus guten Gründen – als «Darwin des 20. Jahrhunderts» bezeichnet wurde, schreibt dazu folgendes:

> «Die von Darwin eingeleitete intellektuelle Revolution reichte weit über die Grenzen der Biologie hinaus; sie führte zur Absage an einige grundlegende Glaubensvorstellungen jener Zeit. So widerlegte Darwin den Glauben an die individuelle Erschaffung einer jeden einzel-

> nen Art und setzte an seine Stelle die Überlegung, alles Leben stamme von einem gemeinsamen Vorfahren ab. In Ausweitung dieses Gedankens führte er die Vorstellung ein, der Mensch sei nicht das Ergebnis eines Schöpfungsakts, sondern habe sich gemäß überall sonst in der Welt wirksamer Prinzipien entwickelt. Er verwarf die gängige Auffassung von einer auf Vollkommenheit angelegten und geplanten, gütigen Natur und ersetzte sie durch die Konzeption eines Kampfes ums Dasein» (*... und Darwin hat doch recht*, S. 15 f.).

Vor dem Hintergrund des Denkens des 19. Jahrhunderts muß Darwins Werk in der Tat als eine Revolutionierung des Weltbildes erscheinen. Freilich entwickelte Darwin seine Gedankenwelt nicht im luftleeren Raum. Wie jedes wissenschaftliche Werk verdankt auch sein Theoriengebäude vieles seinen «Vordenkern», und die Idee, daß die Organismenarten nicht konstant, sondern veränderlich sind, war nicht seine Erfindung. Unbestritten bleibt aber, daß er dieser Idee zum entscheidenden Durchbruch verholfen und sie in ihren Konsequenzen, nicht zuletzt für das Selbstverständnis des Menschen, weitergeführt hat.

Hinsichtlich ihrer Tragweite berühren Darwins Vorstellungen den Menschen in weit stärkerem Maße als Konzeptionen anderer großer Naturwissenschaftler der Vergangenheit, einschließlich derjenigen von Isaac Newton (1643–1727) oder Albert Einstein (1879–1955), die beide fundamentale physikalische Gesetze begründet hatten. Das auf Darwins Ideen beruhende Weltbild beeinflußt unser Denken auf eine direktere Weise. Es macht nämlich einen großen Unterschied, ob wir die Vielfalt des Lebens auf der Erde als göttlichen Plan oder als Folge der natürlichen Auslese verstehen; und ob wir uns als «Krone der Schöpfung» begreifen oder als «arrivierte Affen». Kaum ein anderer Naturforscher früherer Zeiten wurde jedoch so oft und so gründlich mißverstanden wie Darwin. Hier ist gleich an den ideologischen Mißbrauch seiner Lehre im *Sozialdarwinismus* zu erinnern, dessen Vertreter einige Aussagen Darwins falsch interpretiert und – mit verheerenden Folgen – auf die Konstruktion menschlicher Gesellschaften angewandt haben.

Das vorliegende Buch ist ein Buch über Darwin und seine Ideen samt ihren Konsequenzen für unser Welt- und Menschenbild. Es portraitiert den Menschen Darwin als eine bescheidene, zurückhaltende Forscherpersönlichkeit und zeichnet die wichtigsten Stationen seines Lebens nach. Darwin war ein «Revolutionär wider Willen», wie der amerikanische Evolutionsbiologe Michael R. Rose ihn charakterisiert, oder ein «stiller Revolutionär», als den ich selbst ihn einmal bezeichnet habe. Er war vorsichtig, übervorsichtig sogar, wenn es um die Formulierung seiner wichtigen Gedanken ging. Um so erstaunlicher ist vielleicht deren revolutionäre Wirkung. Dieses Buch ist auch als knappe Einführung in Darwins Werk zu verstehen, als Einladung, sich mit seinen für unser Welt- und Selbstverständnis unentbehrlichen Ideen zu beschäftigen. Dabei hoffe ich, einige der Mißverständnisse beseitigen zu können, die sich heute noch um Darwin und sein Werk ranken. Das betrifft nicht zuletzt auch den Ausdruck «Darwinismus», der keineswegs einheitlich und vielfach mißverständlich oder falsch verwendet wird. Natürlich hat es seine Berechtigung, wenn Darwins Werk heute in erster Linie mit Evolution und Evolutionstheorie in Verbindung gebracht wird. Aber wir dürfen nicht übersehen, daß Darwin «daneben» noch eine ganze Reihe anderer geologischer, botanischer und zoologischer Arbeiten zu Papier gebracht hat, die allein schon Beachtung verdienen würden und ihn als einen akribischen, ideenreichen Naturforscher auszeichnen. Auch diese Arbeiten werden, bei aller gebotenen Kürze, auf den folgenden Seiten vorgestellt werden.

Nicht näher eingehen werde ich jedoch auf die Weiterentwicklung der Theorien Darwins in der Evolutionsbiologie des 20. Jahrhunderts und auf die damit verbundenen, nach wie vor andauernden Kontroversen in den Biowissenschaften. Das nämlich hätte den Umfang dieser knappen Einführung bei weitem gesprengt. Allerdings finden die interessierten Leserinnen und Leser im Literaturverzeichnis eine Reihe von Büchern, die auch diesen Gegenstand umfassend behandeln und als weiterführende und vertiefende Lektüre dienen können.

Darwins Herkunft, seine Kindheit und Jugend

«... du wirst dir selbst und deiner ganzen Familie zur Schande»

Geniale Gedanken trägt man üblicherweise nicht von Kindesbeinen an mit sich herum; Kindheit und Jugend müssen nichts von späterer Geistesgröße erkennen lassen. An Charles Darwin sehen wir, daß das Gegenteil durchaus der Fall sein kann. Wie er selbst sich in seiner *Autobiographie* erinnert, hatte er zwar früh ausgesprochene naturkundliche Interessen, die aber für einen Jungen so ungewöhnlich auch nicht sind. Für seinen Vater waren sie Grund zur Besorgnis; er tadelte Charles einmal mit den Worten: «Du hast kein anderes Interesse als Schießen, Hunde und Rattenfangen, und du wirst dir selbst und deiner ganzen Familie zur Schande.» Das war demütigend. Aber es besagt wenig, schließlich meinte auch Einsteins Schuldirektor, es sei gleichgültig, welchen Beruf der junge Mann ergreife, da er nirgends Erfolg haben werde ...

Dr. Robert Waring Darwin (1766–1848) war ein angesehener, wohlhabender Arzt in der damals etwa 20 000 Einwohner zählenden englischen Kleinstadt Shrewsbury (Grafschaft Shropshire). Dort kam Charles am 12. Februar 1809 als fünftes von sechs Kindern und als zweiter Sohn zur Welt. Robert W. Darwin war ein herrischer Mann, dessen Autorität noch von seinem gewichtigen Erscheinungsbild – er war fast zwei Meter groß und brachte über 150 Kilogramm auf die Waage – unterstrichen wurde. Darin ähnelte er seinem Vater Erasmus Darwin (1731–1802), einem nicht minder hervorragenden Mediziner, der eigene Heilmethoden anwandte, sich daneben aber auch noch erfolgreich als Erfinder betätigte. Nicht zuletzt verfügte er über einige schriftstellerische Begabung, wovon unter anderem seine naturwissenschaftlichen Lehrgedichte Zeugnis ablegen. Mit seinem aus zwei Bänden bestehenden Werk *Zoonomia, or the Laws of Organic Life* (*Zoonomia oder die Gesetze des organischen Lebens*) (1794–1796) nahm er sogar den Evolutionsgedanken vorweg. Charles sollte dieses Werk seines bedeutenden Großvaters, den er persönlich nicht mehr kennen lernen konnte, erst viel später lesen – zunächst mit Bewunderung, dann mit wachsender Skepsis.

Charles Darwins Mutter, Susannah Darwin (1765–1817), war eine geborene Wedgwood, Tochter des Josiah Wedgwood (1730–1795), dessen Keramikarbeiten weltberühmt wurden und der oft mit dem Beinamen «von Etruria» angeführt wird (benannt nach dem Dorf, das er selbst für seine Arbeiter errichten ließ). Darwin wird später eine Kusine aus der «Keramikdynastie» ehelichen und sich damit wirtschaftlich absichern. Sein Onkel – und späterer Schwiegervater – Josiah Wedgwood (1769–1843), der Sohn des Josiah Wedgwood von Etruria, war ihm in jungen Jahren ein wichtiger Gesprächspartner. Seine Mutter hingegen, von der wenig bekannt ist, verlor er früh, und seine teils schlechten schulischen Leistungen waren wahrscheinlich auch auf diesen schmerzlichen Verlust zurückzuführen. Seine älteren Schwestern vermochten ihm die Mutter nicht zu ersetzen. Und sein Vater flößte ihm wohl Ehrfurcht ein, war aber nicht imstande, fürsorglich mit ihm umzugehen.

Darwin verbrachte siebzehn Jahre in seiner Geburtsstadt, die ihren großen Sohn heute längst durch eine Statue vor der Shrewsbury School (jetzt ein Bibliotheks- und Museumsgebäude) ehrt. Für seine naturkundlichen Interessen und Neigungen war das von Vorteil – eine Großstadt hätte ihm natürlich nicht dieselben Möglichkeiten zum Sammeln und Jagen geboten.

Als Internatsschüler in Shrewsbury

Nach Absolvierung der einjährigen Vorschule trat Darwin in Dr. Butlers «große Schule» in Shrewsbury ein, in der er bis zum Sommer 1825 bleiben sollte. Diese Schule war eine Internatsschule, was bedeutete, daß er außerhalb seiner Familie leben mußte. Da sein Vaterhaus von der Schule jedoch nicht weit entfernt war, konnte er längere Pausen dazu nutzen, schnell nach

Hause zu laufen. Er war ein guter Läufer, betete aber oft zu Gott, ihn rechtzeitig in die Schule zurückkommen zu lassen – und wunderte sich, wie häufig ihm seine Gebete halfen. Der Heranwachsende war noch weit entfernt von jedem religiösen Zweifel.

Das Internatsleben scheint Darwin kaum gestört zu haben. Er hielt es sogar für vorteilhaft, als «echter Schüler» leben zu dürfen. Aber der Unterricht kam seinen Interessen wenig entgegen. Noch im Alter äußerte er seine Unzufriedenheit darüber, daß er eine Schule mit klassischen, humanistischen Fächern absolviert hatte. Ihm fehlte fast jede Sprachbegabung, und so empfand er die Lektüre antiker Texte im allgemeinen als eine Qual. Andererseits begeisterte er sich für Geometrie und naturwissenschaftliche Probleme, worüber der Schulunterricht kaum Auskunft gab. Man muß sich den Knaben Darwin als «Träumer» vorstellen, der gern lange, einsame Spaziergänge unternahm und Käfer und Schmetterlinge sammelte, wobei er meist froh war, wenn die gefundenen Objekte bereits tot waren, da er Hemmungen hatte, irgendein Lebewesen zu töten. Auch im reiferen Alter wird er sich in Ehrfurcht vor der Kreatur üben – so soll er beispielsweise seinen Kutscher wiederholt dazu angehalten haben, die Pferde zu schonen und nicht zur Eile zu treiben –, obgleich er andererseits seiner Jagdleidenschaft, zumal in jungen Jahren, nur schwer entsagen konnte. Zu Hunden hatte er ein Leben lang ein besonderes Verhältnis, und auch andere Tiere waren bei ihm gut aufgehoben.

Im letzten Schuljahr führte ihn sein älterer Bruder Erasmus Darwin (1804–1881) – der seinen Vornamen dem gewichtigen Großvater verdankte – in die Anfangsgründe der Chemie ein. Davon war Charles begeistert; so wie er überhaupt leicht zu begeistern war, wenn es sich um Gebiete handelte, die sein Interesse zu wecken vermochten. Die beiden Brüder richteten im Geräteschuppen im Garten des elterlichen Hauses ein einfaches Laboratorium ein, um verschiedene chemische Experimente durchzuführen, die Charles unter seinen Klassenkameraden bald den Spitznamen «Gas» einbrachten. Vom Unterricht in der Schule aber blieb er weiterhin ziemlich unbeeindruckt. Das merkte natürlich auch der strenge Vater, der mit seinem zweiten

Sohn insgesamt sehr unzufrieden war. Damit er nicht wirklich nur «Schande» über die Familie brachte, nahm er ihn kurzerhand aus der Internatsschule heraus. Soviel Einfühlungsvermögen und Umsicht muß man Robert W. Darwin dann doch wieder zubilligen: Er hatte erkannt, daß man Charles in der Internatsschule praktisch nichts mehr beibringen konnte.

Hätte der Siebzehnjährige sein Leben selbst in die Hand nehmen und über seine weitere Ausbildung allein bestimmen dürfen, dann hätte er über seinen zukünftigen Weg nicht lang nachdenken müssen. Sein Interesse an der Natur, an Pflanzen und Tieren, war längst geweckt und auch für seine Umgebung kaum noch zu übersehen. Seinen Vater konnte er damit allerdings nicht beeindrucken. Gewiß, bereits dessen Vater hatte sich intensiv mit naturwissenschaftlichen Fragen beschäftigt, aber sein Arztberuf hatte ihm dabei eine solide Existenz geboten. Die bloße Vorstellung, daß Charles einmal an seinen Großvater auch nur heranreichen, geschweige denn ihn übertreffen würde, war Robert W. Darwin angesichts der schulischen Leistungen seines Sohnes völlig fremd.

Ein kurzes Intermezzo: Medizinstudium in Edinburgh

Dennoch lag es nahe, Charles Medizin studieren zu lassen, und zwar nach alter Familientradition in Edinburgh. Sein älterer Bruder Erasmus hatte das Medizinstudium zwar in Cambridge abgeschlossen, sollte sein Krankenhauspraktikum aber ebenfalls in Edinburgh absolvieren. Die schottische Hauptstadt bot angehenden Ärzten bessere Möglichkeiten als Cambridge oder Oxford. Die akademische Lehre war umfassender angelegt, mit einem breiten Spektrum medizinischer und naturwissenschaftlicher Fächer. In Charles' erstem Studienjahr waren an der medizinischen Fakultät knapp 1000 Studenten immatrikuliert; viele davon kamen aus England. In Vorbereitung auf seine ärztliche Laufbahn betätigte sich Charles im Sommer 1825 als Helfer bei der medizinischen Versorgung der Armen von Shropshire, begleitete gelegentlich seinen Vater und teilte Arzneien aus. Diese Tätigkeit scheint ihm Freude bereitet zu haben, und der Vater war vorübergehend sogar mit ihm zufrieden.

Ende Oktober 1825 trafen Charles und Erasmus Darwin in Edinburgh ein, wo sie eine günstig gelegene Studentenwohnung mit zwei hellen Schlafzimmern und einem Wohnraum fanden. Die Stadt machte einen kosmopolitischen Eindruck, und die Brüder fühlten sich recht wohl. Sie schlenderten durch die Straßen und probierten schottische Spezialitäten, zum Beispiel mit Hafergrütze gefüllten Kabeljaukopf. Auch an Fleiß ließen sie es durchaus nicht fehlen. Die großzügigen materiellen Zuwendungen des Vaters machten ihr Leben freilich mehr als erträglich. Für Charles sollte das Medizinstudium allerdings nur ein kurzes Intermezzo bleiben.

Die meisten Vorlesungen langweilten ihn, lediglich die in Chemie stellten eine Ausnahme dar. Anfangs konnten ihn noch die Besuche im Hospital fesseln, doch bald empfand er den Anblick fremden Leids als unerträglich. Die ohne Narkose vorgenommenen operativen Eingriffe, bei denen er zuschauen mußte, erfüllten ihn mit Abscheu. Als sein Bruder nach einem Jahr Edinburgh verließ und nach London ging, blieb er auf sich allein gestellt. Schon bald fand er jedoch Möglichkeiten, sich von der Medizin zu «erholen». Robert Jamenson (1774–1854) hatte für Studenten einen naturhistorischen Kreis gegründet, in dem Darwin seine ersten wissenschaftlichen Beobachtungen, kleine zoologische Entdeckungen, vortragen durfte. Jamensons Vorlesungen waren sehr populär, seine Zuhörerschaft war bunt gemischt; neben Studenten lauschten ihm Kaufleute, Juweliere, Landwirte und Landvermesser. Darwin aber war gelangweilt; insbesondere Jamensons geologische Ausführungen, die auch nicht mehr dem Stand der Forschung entsprachen, fand er alles andere als aufregend. Andererseits brachte ihm die Teilnahme an diesen Vorlesungen eine willkommene Vergünstigung: Wie alle Studenten Jamensons hatte er freien Zugang zu den Museen, in denen er viele Stunden verbrachte. Zu dieser Zeit las er auch zum ersten Mal die *Zoonomia* seines Großvaters. Da das Werk eine Fülle medizinischer und medizinisch relevanter Einzelheiten enthielt, wurde ihm die Lektüre von seinem Vater gleichsam aufgedrängt. Im Sommer 1826 unternahm Darwin mit zwei Freunden eine Wanderung durch Nord-Wales, und im Frühjahr 1827 finden wir ihn in Irland. Wenn sich Gelegenheit bot, besuchte er Josiah Wedgwood («Onkel Jos») in Maer, zwanzig Meilen von Shrewsbury entfernt. Der Onkel war ein schweigsamer und aufrichtiger Mann, der Charles' Vertrauen genoß und später noch einigen Einfluß auf seinen Werdegang ausüben sollte.

Im zweiten Studienjahr in Edinburgh war Darwins Interesse an der Medizin mehr oder weniger erloschen. Natürlich hatte ihn sein Vater immer wieder ermahnt und verwarnt, jedoch ohne Erfolg. Seine privaten naturwissenschaftlichen Interessen waren nun einmal stärker. Als er an der Operation an einem Kind teilnehmen mußte, lief er davon. Bald war er sich darüber im Klaren, daß er als Arzt nicht viel taugen würde. Da er aber hoffen durfte, vom Vater finanziell gut versorgt zu werden, bereitete ihm seine ungewisse Zukunft eher geringe Sorgen. Zur damaligen Zeit war das durchaus kein Ausnahmefall: «Daß man seine Studenten verlor, sobald sie zu Geld kamen, war ein dauerndes Problem in diesem Zeitalter, in dem es ein Beruf war, ein Gentleman zu sein» (Adrian Desmond und James Moore, *Darwin*, S. 45).

Wenn er aber doch um jeden Preis studieren sollte, welches Studium konnte man einem jungen, empfindsamen Gentleman zumuten? Theologie, zum Beispiel.

Der Theologiestudent in Cambridge

Es entbehrt nicht einer gewissen Ironie, daß Darwin, der schließlich – wenn auch in erster Linie unbeabsichtigt – jeder Religion tiefe Wunden zufügen sollte und noch heutzutage von vielen aus religiösen Gründen geradezu verteufelt wird, ausgerechnet ein Theologiestudium zu einem regulären Abschluß brachte. Ihm selbst erschien dieser Umstand Jahrzehnte später als komisch. Besonders verbunden mit der christlichen Lehre war er schon damals nicht, und auch sein Vater hatte keine stark ausgeprägte innere Beziehung zur Religion. Es waren mehr praktische Überlegungen, die Robert W. Darwin veranlaßten, seinen Sohn, den verkrachten Medizinstudenten, nach Cambridge zum Theologiestudium zu schicken. Dessen anfängliche Zweifel, ob sein Glaube an die kirchlichen Dogmen ausreichend gefestigt sei, waren nach der Lektüre einiger theologischer Werke schnell zerstreut. Darwin hegte keine Zweifel am Wahrheitsgehalt der Bibel, und an dem Gedanken, als Landgeistlicher zu wirken, fand er bald Gefallen. Er sah die Bibel als maßgeblich für die Beantwortung moralischer Fragen.

Bevor er Anfang des Jahres 1828 nach Cambridge ging, mußte ein Privatlehrer engagiert werden, um Darwins Kenntnisse der griechischen Sprache und seine allgemeine Bildung aufzupolieren. Denn abgesehen von ein paar griechischen Buchstaben hatte er fast alles vergessen, was ihm – erst vor wenigen Jahren – in der Schule eingepaukt worden war. In mancher Hinsicht hatte man es leichter als heutzutage, vor allem, wenn man einer begüterten Familie entstammte. Darwins Theologiestudium verlief ohne nennenswerte Probleme, und bereits im Januar 1831 bestand er – als zehnter in der Rangliste seines Jahrgangs – sein Bakkalaureus-Examen und erlangte damit die Befähigung zum Geistlichen der Anglikanischen Kirche. Die Anglikanische Kirche (*Church of England*, die englische Staatkirche) ist liberaler als der Katholizismus, leugnet die Unfehlbarkeit des Papstes und erlaubt Priestern die Ehe. Daß Darwin das Priesteramt nie ausgeübt hat, steht auf einem anderen Blatt, doch hätte er als Landpfarrer sicher eine gute Figur gemacht. Mehr noch: «Wenn es einen Mann gab, der in das behagliche provinzielle Leben im England des 19. Jahrhunderts hineingeboren wurde und wie kein anderer für die Rolle eines Landpfarrers taugte, so war es Charles Darwin» (Ronald W. Clark, *Charles Darwin*, S. 9). Auch in dieser Rolle hätte er Insekten und Pflanzen sammeln und sich mit verschiedenen naturkundlichen Phänomenen befassen können.

In der Tat – und dies erfuhr Darwin während seines Theologiestudiums zur Genüge – beschäftigten sich die *Naturtheologen* sogar recht ausführlich mit verschiedenen Naturerscheinungen, mit Pflanzen und Tieren. Ihr Ziel bestand darin, die

Natur um der Theologie willen zu erforschen, zu zeigen, daß in allen Strukturen und Funktionen der Lebewesen Gottes Wirken erkennbar sei, daß die Natur als Ganzes nur vor dem Hintergrund eines «intelligenten Plans» verstanden werden könne. Auch der junge Darwin hegte daran keinen Zweifel. Als Theologiestudent mußte er sich die Werke von William Paley (1743–1805) einverleiben, und war sogar entzückt von deren «Beweisführung» (die er Jahre später allerdings sozusagen auf den Kopf stellen sollte). Paley, eine der bedeutendsten und einflußreichsten Figuren unter den Naturtheologen, hatte, einer altehrwürdigen theologischen und philosophischen Tradition gemäß, den «Gottesbeweis» aus der Zweckmäßigkeit der Natur abgeleitet.

Über Darwins Theologiestudium ist ansonsten nicht viel zu berichten. Es langweilte ihn, war im großen und ganzen aber erträglich. Sein eigentliches Interesse galt ohnehin nach wie vor – und mehr denn je – geologischen, botanischen und zoologischen Fragen. Zu seinen eigentlichen Lehrern in Cambridge zählten daher nicht Theologen, sondern Professoren der Naturwissenschaften, vor allem der Geologe Adam Sedgwick (1785–1873) und, mehr noch, der Botaniker John Stevens Henslow (1796–1861), an dessen Exkursionen er teilnahm und zu dessen engerem Schülerkreis er bald gehörte. Henslow übte rasch größten Einfluß auf ihn aus, blieb ihm ein Leben lang verbunden und sollte seinen Lebensweg noch entscheidend mitbestimmen. Darwin war sein Lieblingsschüler, der ihm bei den botanischen Übungen zur Hand ging. In gewissem Sinn war er Henslows Assistent. Bezeichnenderweise waren beide, Sedgwick wie Henslow, gläubige Christen; Henslow war anglikanischer Priester und lebte ab 1839 als Gemeindepfarrer meist auf dem Lande. Nicht nur in England bekannten sich beinahe alle bedeutenden Gelehrten des 19. Jahrhunderts zur christlichen Lehre in der einen oder anderen ihrer Glaubensrichtungen. Nur vor diesem Hintergrund ist es zu verstehen, welchen Sturm der Entrüstung Darwin später mit seinem Werk auch unter Naturwissenschaftlern ausgelöst hat.

Aber in Cambridge war davon freilich noch nichts zu ahnen.

Nichts betrieb Darwin dort mit größerer Passion als das Sammeln von Käfern:

> «Er ging soweit, sich einen Arbeiter anzustellen, der im Winter Rinde und Moos von den Bäumen abkratzen mußte, um die darunter befindlichen Käfer einzusammeln. Auch der Boden der Boote, die aus den Mooren und Sümpfen Schilf nach Cambridge brachten, wurde auf die im Abfall vorhandenen Käfer durchsucht» (Johannes Hemleben, *Charles Darwin*, S. 27 f.).

Es war ein Sammeln um des Sammelns willen; dem naturbegeisterten Theologiestudenten ging es dabei nur um den Seltenheitswert der gefundenen Objekte. Nichts an seiner Tätigkeit deutet eine Problematisierung der stammesgeschichtlichen Herkunft und Verwandtschaft der Kreaturen an.

Nach seinem Examen in Theologie blieb Darwin zunächst noch in Cambridge. Er hatte es nicht eilig, das Priesteramt konnte warten. Eilig scheint es Darwin in seinem ganzen Leben ohnehin nur bei wenigen Gelegenheiten gehabt zu haben. Henslow hatte ihn mit Sedgwick bekannt gemacht, der ihn nicht nur für Geologie zu begeistern vermochte, sondern ihn auch mit einigen methodologischen Prinzipien der Naturforschung vertraut machte. Darwin nahm an weiteren Exkursionen teil und las daneben mit Begeisterung die Reiseberichte des großen Naturforschers und Universalgelehrten Alexander von Humboldt (1869–1859). Humboldt, Begründer der modernen Geographie, war im 19. Jahrhundert als Reiseschriftsteller ein, wie man heute sagen würde, gefeierter Star. Kein Wunder, daß auch der junge Darwin von Humboldts Expeditionen begeistert war. Sein eigener späterer Reisebericht wird in mancher Hinsicht von Humboldt geprägt sein. Daß es ihm bald selbst gegönnt sein würde, gleichsam auf Humboldts Spuren zu wandeln, wagte er wohl kaum zu hoffen, obwohl er natürlich Reisepläne schmiedete.

Als Darwin jedoch im Frühjahr 1831 von einer Exkursion mit Sedgwick in sein Vaterhaus in Shrewsbury zurückkehrte, fand er einen Brief von Henslow vor, der seine kühnsten Erwartungen übertreffen mußte und seinem Leben die entscheidende

Richtung weisen sollte. Henslow teilte ihm mit, daß für eine Forschungsfahrt auf einem Schiff ein junger Naturforscher (mit den Eigenschaften eines *Gentleman*) gesucht werde. Die Aufgabe bestünde darin, die Küsten von Peru, Chile und Feuerland zu vermessen, um Daten für bessere Seekarten zu liefern. Die Reise würde über Ostindien nach England zurückführen. Henslow war davon überzeugt, daß Darwin die dafür am besten qualifizierte Person sei und hatte ihm als sein «herzlich ergebener Freund» geschrieben. Darwin spürte: Das war *die* Chance seines Lebens. Zwar wurden wahrscheinlich auch andere junge Männer für diese Reise in Betracht gezogen. Aber nicht jeder hätte sich dieses Abenteuer wirtschaftlich leisten können, denn die Kosten für die Forschungen an Land mußten aus eigener Tasche bezahlt werden. Der Wohlstand seiner Familie kam Darwin folglich sehr gelegen. Man schätzt, daß ihn die Reise zwischen 1500 und 2000 Pfund gekostet hat – für die damalige Zeit eine Menge Geld.

Die Weltreise mit der «Beagle»

Es besteht heute kein Zweifel daran, daß diese «Forschungsfahrt» nicht nur, wie Darwin später selbst sagte, das wichtigste Ereignis in seinem Leben war, sondern in der Folge auch eine entscheidende Wende in den Wissenschaften vom Leben mit sich brachte. Zunächst aber hatte Darwin den Widerstand seines Vaters zu brechen. Der war, wie nicht anders zu erwarten, von den Reiseplänen seines Sohnes alles andere als überzeugt und versuchte ihn davon abzuhalten. Er hatte eine Liste mit acht Einwänden gegen diese Reise zusammengestellt, die er als «abwegiges Vorhaben» bezeichnete, das dem Ruf seines Sohnes als eines späteren Geistlichen schaden würde. Dann aber wurde Onkel Josiah Wedgwood aktiv, widerlegte die Einwände des Vaters Punkt für Punkt und sprach sich für die Reise aus. Ihm konnte gesunder Menschenverstand kaum abgesprochen werden, und so mußte der alte Darwin schließlich nachgeben. Unverzüglich fuhr Charles nach Cambridge zu Henslow und dann nach London zu Kapitän Robert Fitzroy (1805–1865).

Trotz seiner jungen Jahre hatte sich Fitzroy als Navigator und Kartograph bereits einen Namen gemacht und war 1831 vom Marineministerium zum Leiter der zweiten Expedition des Vermessungsschiffs «Beagle» bestellt worden. Die «H.M.S. (= *Her Majesty's Ship*) Beagle» war ein für heutige Maßstäbe relativ kleines, nur dreißig Meter langes Schiff und verfügte über sechs Rettungsboote, zehn Kanonen und Vermessungsinstrumente (Abb. 1). Ein großer Teil der Besatzung – 74 Mann – hatte schon die erste Reise mitgemacht und stellte die vom autoritären Kapitän disziplinierte Kernmannschaft. An Bord der «Beagle» war es ziemlich eng. Darwin bemerkte den Platzmangel schon vor der Abreise und berichtete Henslow darüber. Seine kleine Kabine auf dem Achterdeck diente nicht nur ihm, sondern auch dem Kartenzeichner als Schlafplatz und war obendrein Arbeits-

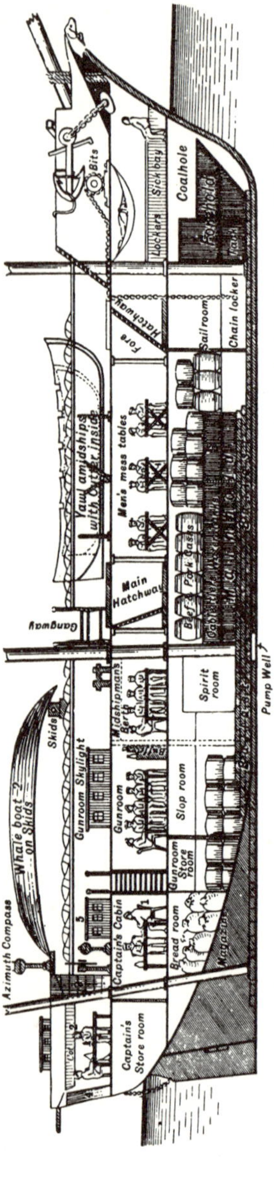

1. *Mr. Darwin's Seat in Captain's Cabin*
2. *Mr. Darwin's Seat in Poop Cabin with Cot slung behind him*
3. *Mr. Darwin's Chest of Drawers*
4. *Bookcase*
5. *Captain's Skylight*

UPPER DECK
1832

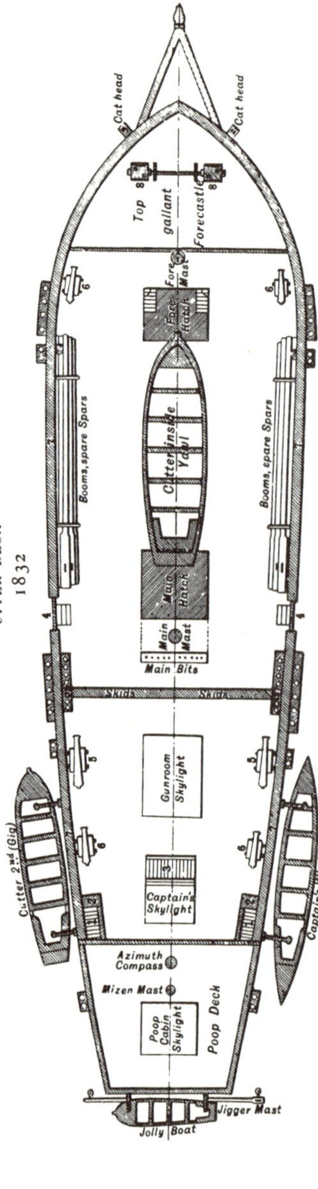

1. *Poop Ladders*
2. *Signal Flag Lockers*
3. *After Companion*
4. *Gangways*
5. *Brass nine pounders, Captain's private property*
6. *Six pounders*
7. *Hammock Nettings*
8. *Patent Windlass*

Abb. 1: Die «H.M.S.-Beagle» nach einer Zeichnung von Darwins Schiffskameraden Philip King

und Kartenraum. Fitzroy, ein Offizier von konservativ-aristokratischer Gesinnung, zugleich launisch und leicht reizbar, hatte zunächst seine Zweifel an Darwin, da ihm dessen Nase (buchstäblich!) nicht gefiel. Fitzroy war nämlich Physiognomiker, das heißt, er glaubte, daß der Charakter eines Menschen nach seinen Gesichtszügen beurteilt werden könne. Schließlich akzeptierte er Darwin doch. Die Voraussetzungen, unter denen Darwin an Bord ging, waren alles andere als optimal. Während der zweimonatigen Wartezeit vor der Abfahrt des Schiffes vom Hafen Plymouth – wegen schlechten Wetters mußte die Abfahrt wiederholt verschoben werden – plagten ihn immer wieder Zweifel, ob er körperlich und seelisch einer solchen Reise gewachsen sei. Dazu gesellte sich die Angst vor Seekrankheit und die etwas schmerzliche Aussicht, auf drei Jahre – in Wahrheit wurden es fünf – von seiner Familie und seiner Heimat getrennt zu sein. Man sollte sich immer wieder vergegenwärtigen, was eine solche Reise im 19. Jahrhundert technisch gesehen bedeutete: Es gab kein einziges der uns heute zur Verfügung stehenden Kommunikationsmittel (Telefon, Fax, SMS, E-Mail), die Reisenden waren auf sich selbst gestellt und setzten sich oft ihnen unbekannten Gefahren aus.

Nach mehreren gescheiterten Versuchen konnte die «Beagle» schließlich am 27. Dezember 1831 den Hafen verlassen und erreichte bald die offene See. Darwin brach damit im wahrsten Sinne des Wortes zu neuen Ufern auf. Sein Medizin- und Theologiestudium sollten fortan zu Fußnoten in seiner Biographie schrumpfen. Hingegen wurde er nun, was er schon immer sein wollte: Naturforscher. Ein Interesse, das bei vielen Menschen eine vorübergehende Episode ihrer Kindheit und Jugend bleibt, wurde für Darwin endgültig zur Berufung. An Bord nahm er eine Sonderstellung ein. Er speiste mit dem Kapitän und stand damit gewissermaßen über den Offizieren. Man schildert ihn allerdings übereinstimmend als sehr angenehmen Reisebegleiter. Der «liebe alte Philosoph» oder der «Fliegenfänger», wie er gelegentlich von Besatzungsmitgliedern genannt wurde, war ein liebenswürdiger Gesellschafter, der sich nie schlecht gelaunt zeigte. Dabei hätte er dazu immer wieder Veranlassung gehabt.

Bereits in der Biskaya wurde er seekrank und zog sich in seine Hängematte zurück. Die Seekrankheit war schlimmer, als er sich vorgestellt hatte. Sehnsüchtig hoffte er nun, auf Teneriffa an Land gehen zu können; mit der Lektüre von Humboldts Reisebeschreibung hatte er sich intensiv darauf vorbereitet. Doch als das Schiff am 6. Januar 1832 Santa Cruz erreichte, war zu seiner und zur allgemeinen Enttäuschung an einen Landgang nicht zu denken: Auf der Insel grassierte eine Choleraepidemie. Die «Beagle» war also zur Weiterfahrt gezwungen, und erst nach weiteren zehn Tagen betraten der junge Naturforscher und die Schiffsmannschaft auf der Kapverdischen Insel St. Jago erstmals wieder das Land. An die drei Wochen auf diesem tropisch blühenden Eiland erinnerte sich Darwin später mit «großem Entzücken». Die vulkanische Gegend bot ihm reichlich Gelegenheit für geologische Studien. Aber auch die üppige Pflanzenwelt zog ihn in ihren Bann. Während Fitzroy Messungen vornahm, streifte Darwin begeistert durch die Gegend, beobachtete, sammelte und machte sich Notizen. Die Seekrankheit war vergessen.

Auch im weiteren Verlauf der Reise befaßte sich Darwin intensiv mit geologischen Phänomenen. In seinem Reisegepäck befand sich der 1830 erschienene erste Band von Lyells *Principles of Geology* (*Prinzipien der Geologie*), dessen Lektüre ihn auf den Evolutionsgedanken vorbereiten sollte. Charles Lyell (1797–1875), einer der Begründer der historischen Geologie, vertrat die Idee der einheitlich wirkenden Kräfte in der Erdgeschichte (*Uniformitarismus*). Sein revolutionäres Prinzip der *actual causes* (*Aktualitätsprinzip*) besagt, daß in der Gegenwart wirkende Mechanismen der Veränderung der Erde auch in der Vergangenheit unseres Planeten Gültigkeit besessen hatten. Da er noch stark unter dem Einfluß der Naturtheologen stand, hielt Lyell einen Wandel der Arten im Sinne der Evolution allerdings nur für begrenzt möglich. Seine Ideen waren aber «gefährlich» genug. Er war ein sehr renommierter Naturforscher, und Henslow hatte Darwin die Lektüre der *Principles of Geology* mit der Zusatzbemerkung empfohlen, die darin vertretenen Ansichten auf keinen Fall zu übernehmen. Bereits anläßlich seiner Beobachtungen auf den Kapverdischen Inseln bemerkte Darwin jedoch, daß Lyells Anschauungen denen der anderen Geologen seiner Zeit «weit überlegen» waren. Später wird Lyell einer der ersten sein, die Darwins Auffassungen über den evolutiven Wandel der Organismenarten grundsätzlich akzeptierten.

Die Reise mit der «Beagle» bescherte Darwin zahlreiche faszinierende Beobachtungen und Entdeckungen. Wiederholt schrieb er an seine Schwestern, er habe einen Wechsel über 80 oder 100 Pfund eingelöst, denn die zu erwartenden wissenschaftlichen Ergebnisse würden sich als sehr wertvoll erweisen. Darwin hat über seine Forschungsfahrt später selbst im Detail berichtet (Abb. 2).

Am 29. Februar 1832 ging das Schiff an der brasilianischen Küste vor Anker; diesen ersten Tag seines Landaufenthaltes in Südamerika verbrachte Darwin im Urwald. Er war entzückt – und mehr als das:

> «Doch ist selbst Entzücken ein zu schwacher Ausdruck für die Gefühle eines Naturforschers, der zum erstenmal allein einen brasilianischen Urwald durchwandert. Die Eleganz der Gräser, die Neuheit der parasitischen Pflanzen, die Schönheit der Blumen, das glänzende Grün des Laubes, vor allem aber die allgemeine Üppigkeit des Pflanzenwuchses erfüllten mich mit Bewunderung. Eine seltsam widerspruchsvolle Mischung von Lärm und Stille herrscht in den schattigen Teilen des Waldes. Das Geräusch der Insekten ist so laut, daß es selbst in einem Schiffe noch hörbar ist, das mehrere hundert Meter von der Küste entfernt vor Anker liegt. In den Schlupfwinkeln des Waldes aber scheint ein tiefes Schweigen zu liegen. Einem Freunde der Naturwissenschaften bereitet ein solcher Tag tiefere Freude, als er je wieder zu empfinden hoffen darf» (Darwin, *Reise eines Naturforschers um die Welt*, S. 7).

Ein weiterer Höhepunkt von Darwins Reise war der Besuch der Galapagosinseln, wo er im Herbst 1835 die später nach ihm benannten Darwin-Finken erforschte. Dank Darwins Beobachtungen und seinen späteren Schlußfolgerungen sollte diese Vogelgruppe Geschichte machen.

Die mit dreizehn Arten auf den Galapagosinseln vorkom-

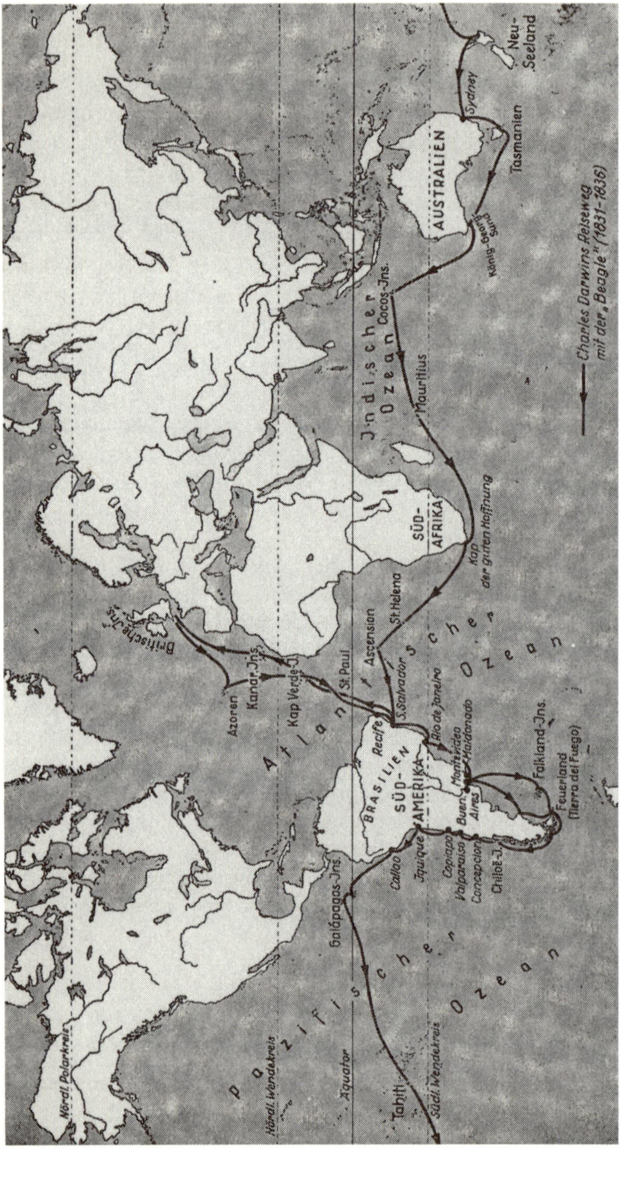

Abb. 2: Reiseroute der «Beagle»

menden, zu den Ammern gehörenden Singvögel stammen von einer Art auf dem südamerikanischen Festland ab. Die Stammart hat es vor etwa zehn Millionen Jahren auf die Inseln verschlagen, und sie spaltete sich allmählich in dreizehn Arten auf. Das konnte Darwin zunächst zwar noch nicht wissen, aber ihn verblüffte die abgestufte Ähnlichkeit der Finkenarten. Insbesondere sei, wie er bemerkte, die «vollkommene Abstufung» der Schnabelgrößen in höchstem Grade auffallend. Da war ein Schnabel so groß wie der des Kernbeißers, ein anderer so klein wie der des Buchfinken. Das mußte einen Naturforscher nachdenklich stimmen. Darwin bemerkte auch, daß diese Finken nur auf Galapagos vorkommen, einander sehr ähnlich sind, sich dann aber doch wieder – vor allem eben im Hinblick auf ihre Schnabelformen – deutlich voneinander unterscheiden. Später, in seinem Reisebericht (S. 41), stellte er fest, daß der Galapagos-Archipel ursprünglich arm an Vögeln gewesen und eine eingewanderte Art vielfältig modifiziert worden sein müsse. Er vermutete richtig, daß die dreizehn Finkenarten durch geographische Isolation, also räumliche Trennung, entstanden waren.

Es wäre allerdings falsch, in Darwins Biographie den Darwin-Finken zu viel Beachtung zu schenken, auch wenn er sie als erster studiert hat. Zwar werden sie heute in praktisch allen einführenden Texten zur Evolutionsbiologie mit Recht als typisches Beispiel für die relativ schnelle Artbildung auf Inseln bei fehlender Konkurrenz angeführt, aber Darwin nahm auf Galapagos noch viele andere Lebewesen wahr, die ihn sicher ebenso faszinierten oder erstaunten, darunter Leguane und Riesenschildkröten. Auf einer der Schildkröten soll er geritten und einen der Leguane in den Schwanz gekniffen haben. Während der gesamten Reise sammelte Darwin Tiere: Insekten ebenso wie Reptilien, Fische ebenso wie Vögel. Noch hatte er etwas vom Käfersammler an sich, der sich bloß darüber freut, ein seltenes Exemplar gefunden zu haben.

Darwin wird Inselfaunen auch später große Beachtung schenken. Die ozeanischen Inseln führten ihm, ohne daß er sich dessen zunächst bewußt war, gleichsam Experimente der Evolution vor. Inseln sind Floren- und Faunenprovinzen, die sich sehr positiv auf die Artenvielfalt auswirken. Aufgrund der Fülle von Nischen ist dort der Konkurrenzdruck unter den Lebewesen geringer als woanders. Zugleich demonstrieren die Bewohner jeder Insel, daß sie eine jeweils sehr spezifische Lösung für das Grundproblem des Lebens, nämlich das Problem des Überlebens, gefunden haben (S. 58). So hat Darwin später, bei der Entwicklung seiner Theorien, nicht ohne Grund der geographischen Verbreitung der Lebewesen grundsätzlich eine überragende Rolle beigemessen. Die Verbreitung von Pflanzen und Tieren im Raum lieferte ihm schlagkräftige Indizien *gegen* den Schöpfungsglauben und *für* eine Veränderung der Arten.

Selbst wenn Darwin den Evolutionsgedanken schließlich nicht so prägnant formuliert hätte wie er es dann später doch tat, hätten seine vielfältigen Beobachtungen während der Reise einem Naturforscher alle Ehre gemacht. Die Fülle von Material, das er nach England mitbrachte – und teils schon zuvor, in Kisten verpackt, in die Heimat geschickt hatte –, war gewaltig. In Südamerika entdeckte er mehrere fossile Säugetierarten und eine Straußenart, die den Zoologen seither unter der Bezeichnung «Darwin-Nandu» bekannt ist. Dazu kamen seine geologischen und botanischen Studien sowie die Aufmerksamkeit, die er fossilen Lebewesen widmete (Abb. 3). Kurz gesagt: «Man würde sich ebenso an Darwin als einen herausragenden Wissenschaftler erinnern, wenn er nie ein Wort über Evolution geschrieben hätte» (Ernst Mayr, *... und Darwin hat doch recht*, S. 16). Darwin hat den Evolutionsgedanken nicht auf der «Beagle» begründet, aber diese Schiffsreise war die biographische Voraussetzung dafür; ohne sie hätte er ihn wohl nie ernsthaft in Erwägung gezogen. Als Landpfarrer wäre er über das Sammeln und Katalogisieren von Käfern, Schmetterlingen, Vögeln und Pflanzen kaum hinausgekommen (und hätte auch nicht darüber hinausgehen dürfen!). Zugleich verdient diese Reise Beachtung, weil sie einem jungen Naturforscher ungeahnte Möglichkeiten bot, sein früh erwachtes Interesse für die Natur zu befriedigen, mit eigenen Augen zu sehen, worüber einige wenige andere schon berichtet hatten und eigene, neue Entdeckungen zu machen. Immer

Abb.3: Rekonstruiertes Skelett eines ausgestorbenen Riesenfaultieres aus Südamerika. Die fossilen Knochen und Zähne, die Darwin vorfand, erregten seine Aufmerksamkeit und ließen ihn auf riesenhafte Säugetiere aus einer anderen Zeit schließen. Er vermutete richtig, daß die Tiere Pflanzenfresser waren. Wie wir heute wissen, erreichten Riesenfaultiere eine Körperlänge von etwa sechs Metern.

wieder dienen ihm Humboldts Reisebeschreibungen als «Leitfaden», und er vergleicht das Gelesene mit dem, was nun in seinen eigenen Gesichtskreis gelangt. Später wird er auch einmal Gelegenheit haben, den betagten Humboldt in London persönlich kennenzulernen. Beide, Humboldt und Darwin, haben hervorragende Beschreibungen des tropischen Südamerika vorgelegt und damit – jeder auf seine Weise – zu einer bemerkenswerten Vervollständigung unseres Weltbildes (im buchstäblichen Wortsinn) beigetragen.

Die Weltreise bot Darwin aber nicht nur Gelegenheit, geologische Phänomene und eine vielfältige Pflanzen- und Tierwelt kennenzulernen und direkt zu beobachten (um später daraus revolutionierende Schlüsse zu ziehen), sondern er wurde auch mit fremden Völkern bekannt, die nicht minder seine Aufmerksamkeit erregten. Darwins Erstaunen war groß, als er am 18. Dezember 1832 zum ersten Mal die Bewohner Feuerlands (an der Südspitze Südamerikas) zu Gesicht bekam. In seinem Tagebuch notierte er, daß er nie geglaubt habe, wie groß der Unterschied zwischen wilden und zivilisierten Menschen sein könne. Noch viel später, in seinem Buch über die Abstammung des Menschen (S. 74), erinnerte er sich lebhaft an seine Begegnung mit den «Wilden» und hielt fest, was ihm damals durch den Kopf geschossen war: So seien unsere Vorfahren gewesen. Aus heutiger Sicht würde man seine Äußerungen als rassistisch einstufen. Anscheinend hat er die Feuerländer nicht als «richtige» Menschen wahrgenommen. Dazu ist aber folgendes zu bemerken: Ein junger Gentleman aus dem Viktorianischen England, der nie zuvor mit fremden Völkern konfrontiert gewesen war, sondern allenfalls – nicht selten sehr vage und fehlerhafte – Beschreibungen darüber gelesen hatte, konnte kaum anders reagieren. Er mußte geradezu verblüfft sein angesichts des fremdartigen Aussehens und Verhaltens dieser Menschen, und es ist ihm nicht wirklich zu verübeln, wenn er sie als Kontrast zu «seiner» Zivilisation empfand. Während seiner Reise lernte Darwin auch noch andere Völker kennen, die Eingeborenen Tahitis, Australiens und Neuseelands. Man darf annehmen, daß dadurch sein Blick für die Vielfalt der menschlichen Spezies geschärft wurde. Statt ihm eine rassistische Haltung zu unterstellen, sollte man ihm zugute halten, daß er sich ernsthafte Gedanken über die Zerstörung der Lebensgrundlagen fremder Völker machte. Unter dem Eindruck seiner Erlebnisse in Australien im Januar 1836 bemerkte er: «Wo nur immer der Europäer seinen Fuß hinsetzt, scheint der Tod den Eingeborenen zu verfolgen. Wir mögen unseren Blick auf die großen Flächen von Amerika, nach Polynesien, dem Vorgebirge der guten Hoffnung und Australien richten: Überall finden wir dasselbe Resultat» (*Reise eines Na-*

turforschers um die Welt, S. 265). Darwin war hellsichtig genug zu erkennen, daß nicht nur Europäer, Weiße, sondern auch andere Rassen ihnen unterlegene Völker auf die gleiche Weise behandeln, «vor sich hertreiben», verdrängen, vernichten. Auch die Sklaverei hat Darwin immer abgelehnt.

Obwohl er zu Kapitän Fitzroy ein gutes Verhältnis hatte und mit dem etwas schwierigen Landsmann ganz gut umzugehen wußte, blieben Spannungen nicht aus. Dieser an sich wenig überraschende Umstand ist um so interessanter, als die Sklaverei wiederholt Ursache der Meinungsverschiedenheiten zwischen Darwin und Fitzroy war. Besonders in Brasilien kam es zu einer ernsthaften Auseinandersetzung, weil der Kapitän die dort damals praktizierte Sklaverei befürwortete. Darwin, der entschiedene Gegner der Sklaverei, wäre im Streit darüber mit Fitzroy bereit gewesen, auch unangenehme Konsequenzen zu ziehen. Immerhin drohte der Kapitän mit einer «Kündigung» des Zusammenlebens an Bord (wozu es dann freilich doch nicht kommen sollte). Hier wird ein bemerkenswerter Wesenszug Darwins sichtbar. Es ist keine Übertreibung, wenn Johannes Hemleben über Darwin schreibt: «Er suchte nicht nur für sich selbst das Ideal der innerlich und äußerlich freien Persönlichkeit innerhalb der Gesellschaft zu verwirklichen, sondern sie auch jedem anderen – wenigstens dem Prinzip nach – zu ermöglichen» (*Charles Darwin*, S. 43 f.). Viele Jahre später werden Darwins Kinder diesen Wesenszug ihres Vaters schätzenlernen.

Am 2. Oktober 1836 landete die «Beagle» wieder in England, im Hafen von Falmouth (Cornwall). Darwin verließ das Schiff, um mit der Postkutsche nach Shrewsbury zu fahren, wo er vier Tage später eintraf. Er war menschlich gereift und hatte als Naturforscher so viele neue Eindrücke gewonnen, daß er zunächst gar nicht wußte, wo er beginnen sollte, um alles zu ordnen. Ein in jeder Hinsicht gewaltiges Unternehmen war erfolgreich beendet. Schon wenige Tage nach der Ankunft in seinem Elternhaus fuhr er nach Cambridge, um seinem väterlichen Freund Henslow zu berichten und über das während der Reise angesammelte Material zu sprechen. Dann trieb es ihn nach London, wo er das Ausladen seiner in Kisten verpackten Schätze überwachen und deren Weitertransport nach Cambridge veranlassen wollte. (Das war einer der wenigen Momente in seinem Leben, in denen er es wirklich eilig hatte.) Im Frühjahr 1837 nahm er eine Wohnung in London, und bald sollte die Zeit der Ernte beginnen. In diese Zeit fallen auch wichtige Ereignisse in seinem Privatleben.

Private Veränderungen

Vermählung Darwins mit seiner Kusine Emma Wedgwood

Zur Ehe hatte Darwin ein ziemlich nüchternes Verhältnis – nicht eben untypisch für einen Mann seiner Zeit und seines Standes. Er kalkulierte, welchen Nutzen eine Ehe bringen, welchen Verlust sie bedeuten würde. Ein Heim und jemanden zu haben, «der das Haus besorgt», eine Gefährtin in hohem Alter – das sprach für eine Vermählung. Andererseits war Zeitverlust zu befürchten und, im Falle eigener Kinder, der Zwang, «sein Brot zu verdienen». Letzteres blieb ihm allerdings erspart.

Seine Auserwählte wurde die Kusine Emma Wedgwood (1808–1886), Tochter seines Onkels Josiah Wegdwood. Diese Wahl war zunächst vor allem eines: praktisch. Darwin mußte sich auf keine aufregenden Abenteuer einlassen, da er und seine Kusine von Kindheit an miteinander bekannt waren. Zu seinem Onkel, dem Bruder seiner Mutter, hatte er ohnehin seit langem ein sehr gutes Verhältnis. Insbesondere würde ihm diese Ehe materielle Sicherheit bieten, und in der Tat sah sich Darwin nie in seinem Leben veranlaßt, einen Brotberuf auszuüben. Der an sich schon bemerkenswerte Wohlstand der Familie Darwin wurde mit der Eheschließung noch auf sehr günstige Weise «vervollständigt». Es störte ihn keineswegs, daß seine Frau ein Jahr älter war als er selbst, denn was er suchte, war weniger eine Geliebte, sondern eine verständnisvolle, fürsorgliche Frau, die ihm die Lasten des Alltags abnahm und ihn und seine Arbeit vor allen Unbilden schützte. Mit Emma Wedgwood traf Darwin eine seinem Naturell entsprechende Wahl. Denn der eifrige Naturforscher, der soeben ganze fünf Jahre in der weiten Welt unterwegs gewesen war und manches Abenteuer mit Bravour bestanden hatte, wollte nun häusliche Ruhe, um seinen Untersuchungen und Gedanken ungestört nachgehen zu können. Mit

Abb. 4: Charles Darwin, 1840,
Aquarell von George Richmond

Emma «hatte sich Darwin», wie Ronald W. Clark kommentiert, «den Prototyp der viktorianischen Ehefrau ausgewählt, die ihr Leben der Aufgabe widmete, für ihren Mann zu sorgen und in regelmäßigen, geziemenden Abständen Kinder zu gebären» (*Charles Darwin*, S. 80). Wahrscheinlich hätte er sein Lebenswerk ohne den steten Beistand seiner Frau nie vollenden können (Abb. 4).

Am 8. November 1838 – Emma zu heiraten, war also beschlossen – fuhr Darwin nach Maer, wo drei Tage später Verlobung gefeiert wurde. Am 29. Januar 1839 fand die Vermählung statt. Er habe «heute im Alter von dreißig Jahren in Maer geheiratet», notierte Darwin knapp in seinem Tagebuch. Das junge Paar fand ein «kleines Heim» in London, in der Upper Gower Street 12. Seine Wohnverhältnisse sollten sich jedoch bald ändern. Freilich war der Haushalt der Darwins auch in London von durchaus herrschaftlichem Zuschnitt: mit einer Köchin, einer Hausgehilfin und einem Butler.

Emma Darwin gebar in ziemlich rascher Folge nicht weniger als zehn Kinder. Eine Tochter starb noch im Jahr ihrer Geburt, eine andere wurde im Alter von zehn Jahren von einer heimtückischen Krankheit hinweggerafft, und der jüngste Sohn wurde nur zwei Jahre alt. Das entsprach durchaus den Verhältnissen der Zeit. Sosehr Darwin seine Kinder freuten, trug er, ebenfalls der Sitte der Zeit entsprechend, durchaus auch Sorge dafür, daß sie seine Arbeit in keiner Weise beeinträchtigten. Von seinen Kindern verdient im vorliegenden Zusammenhang vor allem Francis Darwin (1848–1925) – siebentes Kind und dritter Sohn – Erwähnung, weil er später Leben und Briefe seines Vaters in einem umfassenden, mehrbändigen Werk der Nachwelt überlieferte. *Life and Letters of Charles Darwin* (1888) ist eine unentbehrliche Quelle für die Rekonstruktion von Darwins Leben und Werk. Sie spiegelt zugleich die Bedeutung des Briefwechsels wider, dem damals eine ganz andere, viel wichtigere Rolle zukam, als das heute im allgemeinen der Fall ist. Briefliche Mitteilungen hatten, wenn sie nicht bloß persönliche Gegenstände berührten, oft den Charakter kleiner wissenschaftlicher Abhandlungen.

So glücklich Darwins Ehe auch von Anfang an war, so gab es doch stets einen wunden Punkt. Emma Darwin war eine sehr fromme Frau, während ihr Mann allmählich vom Glauben abfiel. Bereits nach der Rückkehr von seiner Weltreise hatte Darwin mit der christlichen Religion im großen und ganzen gebrochen. Später verabschiedete er sich allmählich von jedem religiösen Glauben (S. 102), was ihm selbst anscheinend nicht so leicht fiel. Denn er sei, wie er bemerkte, einem Menschen vergleichbar, «der farbenblind geworden ist». Daß er seine Frau mit seinem Unglauben enttäuschen würde, war ihm bewußt; und da es nie in seiner Absicht lag, andere Menschen zu enttäuschen oder zu verletzen, hatte er einen inneren Konflikt zu bewältigen. In einem Brief an ihren Mann sprach Emma Darwin die Hoffnung aus, daß dieser seine Ansichten vielleicht nicht als endgültig betrachte. Bereits der Umstand, daß Darwin an ihn gerichtete Briefe kaum aufbewahrte, sondern nach einiger Zeit verbrannte, *diesen* Brief aber behielt, sagt schon einiges aus. Möglicherweise liegt in diesem, gewissermaßen intimen Konflikt auch eine der Wurzeln für Darwins häufige Erkrankungen, von denen noch die Rede sein wird.

Übersiedlung von London nach Down

Charles und Emma Darwin verbrachten dreieinhalb Jahre in London. Da beide an das Landleben gewohnt waren, lebten sie nicht sehr gern in der Großstadt. Andererseits war Darwin gerade in dieser Zeit die Nähe bedeutender Männer der Naturwissenschaften wichtig. Auch war er damals Sekretär der Geologischen Gesellschaft, der er einige seiner Arbeiten präsentierte. Später hat er, selbst im kleinen Kreis, nie einen Vortrag gehalten, und an eine wissenschaftliche Lehrtätigkeit hat er zu keinem Zeitpunkt ernsthaft gedacht. Am 2. April 1839 gab das Ehepaar Darwin eine Abendgesellschaft, an der unter anderem Henslow und Lyell teilnahmen. Schon damals machte sich bei Darwin eine gewisse Abneigung gegen gesellschaftliche Zerstreuungen bemerkbar, die ihn ein ganzes Leben lang begleiten sollte. Er fand sie anstrengend, war am nächsten Tag unfähig zu arbeiten und klagte daher über die verlorene Zeit. So auch nach diesem Abend.

Überhaupt wurde ihm London bald geradezu unerträglich. Man könne auch in einer Großstadt ruhig leben, meinte er zwar, und selbst der Londoner Nebel habe etwas durchaus Reizvolles. Darwins Dauerstimmung in jener Zeit ist damit allerdings nicht charakterisiert. Sein Wunsch war, auf dem Land zu leben. In London, meinte er später, habe er weniger wissenschaftliche Arbeit geleistet als in allen anderen Phasen seines Lebens.

So war es schließlich, alles in allem, unumgänglich, den Wohnsitz zu wechseln. Da ihnen keine finanziellen Hindernisse im Weg standen, konnten Darwin und seine Frau das für sie am besten geeignete Objekt wählen. Der Landsitz sollte in nicht zu großer Entfernung von London liegen, damit ihnen die Teilnahme an bedeutenden gesellschaftlichen Ereignissen in der Metropole nicht ganz verwehrt blieb. Bald fanden sie Down House, am Ortsrand des kleinen Dorfes Downe, südlich des Londoner Vorortes Bromley in der Grafschaft Kent, wohin sie (mit ihren mittlerweile zwei Kindern) übersiedelten. Wegen des schlechten Bauzustands des Hauses war der Kaufpreis, für den zum größten Teil Darwins Vater aufkam, recht günstig. Nach den Renovierungsarbeiten erfolgte der Umzug am 14. September 1842. Darwins geräumiges und helles Arbeitszimmer bot optimale Möglichkeiten zum Schreiben, Mikroskopieren und Sezieren. Es war eine Werkstatt des Geistes und ein Ruhepol:

> «Das Leben spielte sich weit entfernt ... ab, in den Kinderzimmern oben und in den Räumen des Personals am anderen Ende des Hauses. In seinem inselartigen Labor konnte Charles, von der Welt abgeschnitten, klare Gedanken fassen und den Widerspruch im Zaum halten, der ihn zu zerreißen drohte. Es war ein archimedischer Punkt, von dem aus er, wenn man ihm nur Zeit gab, die Erde bewegen würde» (Adrian Desmond und James Moore, *Darwin*, S. 350).

Zeit wird Darwin jetzt genug haben – und er wird sie auch zu nutzen wissen.

Mit dem Haus hatten die Darwins auch etwa sieben Hektar Land erworben, ein weitläufiges Grundstück, auf dem ein Gemüsegarten und Gewächshäuser angelegt wurden, die Darwins botanischen Studien dienten. Bald ließ Darwin auch einen Weg,

Abb. 5: Down House, Darwins ständiger Wohnsitz ab 1842 bis zu seinem Tode, Holzstich von 1882. Heute ist es ein öffentlich zugängliches Darwin-Museum.

den sogenannten Sandweg anlegen, den er danach regelmäßig als Spazierweg benutzte und als seinen «Denkpfad» bezeichnete. Später ließ er neben dem Haus einen Taubenschlag bauen. Heute beherbergt das Down House ein öffentlich zugängliches Darwin-Museum. An seinem äußeren Erscheinungsbild hat sich in den letzten hundert Jahren kaum etwas geändert (Abb. 5).

So paradox es auch klingt: Man kann sagen, daß Darwin, erst dreiunddreißig Jahre alt, in diesem Haus seinen Alterssitz gefunden hatte. Nie wieder unternahm er eine längere Reise und verließ später nicht einmal die nächste Umgebung seines Hauses. Er widmete sich, ungestört von äußeren Einflüssen, seiner Arbeit und konzentrierte sich darauf, was alsbald unser Weltbild revolutionieren sollte. Er ließ sich nicht von akademischen Streitigkeiten beirren und war nie gezwungen, aus wirtschaftlichen Gründen irgendwelche Kompromisse zu schließen. Als einen Einsiedler darf man sich Darwin, zumindest in seinen jüngeren Jahren, im Down House dennoch nicht vorstellen. Er stand in reger Korrespondenz mit bedeutenden Gelehrten seiner Zeit und empfing ab und an interessanten Besuch. Welchen Einfluß vor allem Charles Lyell auf sein Werk ausübte, werden wir noch sehen.

Zeit der Ernte

Der Reisebericht

Wie bereits bemerkt, war die Fülle des naturkundlichen Materials, das Darwin während seiner Weltreise gesammelt hatte, gewaltig. Er hatte seine Chancen als Naturforscher in fremden Erdteilen optimal genutzt. Genauer gesagt brachte er über 1500 in Spiritus konservierte Arten und fast 4000 Felle, Häute, Knochen usw. von der Reise mit, nicht zu vergessen seine Notizbücher: Weit über tausend Seiten hatte er vor allem mit geologischen und zoologischen Notizen beschrieben. Eine Reihe illustrer Naturwissenschaftler wurde gewonnen, die jeweils spezielle Gebiete der Sammlungen bearbeiteten. Beispielsweise wurde Richard Owen (1804–1892), der wohl prominenteste Anatom und Paläontologe im Viktorianischen England, mit der Bearbeitung der Wirbeltierfossilien betraut. Allerdings wurde Owen später ein besonders erbitterter Gegner Darwins und der Evolutionstheorie. Darwin selbst arbeitete inzwischen intensiv an seinem Reisebericht.

Welche Früchte seine Arbeit bringen würde, war zunächst nicht abzusehen. Andererseits muß Darwin bald erkannt haben, daß Vogelbälge, Knochen, Fossilien und dergleichen für sich betrachtet nicht wirklich sensationell sind und bei den meisten Leuten ziemlich schnell wieder auf Desinteresse stoßen. Konnte man also mehr daraus machen? Angesichts der Fülle seiner Eindrücke vor allem in Südamerika und des gigantischen von ihm gesammelten Materials gingen Darwin unzählige Fragen durch den Kopf: Warum sind manche Arten offensichtlich ausgestorben? In welcher Welt hatten sie gelebt? Wie besiedelten Tiere Inseln im Meer? Wie ist die Ähnlichkeit verschiedener Tierarten zu erklären?

Darwins Reisebericht gehört zu den Klassikern neuzeitlicher Reisebeschreibungen und darf dem Reisewerk Humboldts zur

Seite gestellt werden. Ursprünglich erschien das Buch 1839 als dritter (und letzter) Band des von Kapitän Fitzroy unter dem Titel *Narrative of the Surveying Voyages of Her Majesty's Ships «Adventure» and «Beagle» between the Years 1826 and 1836* herausgegebenen Expeditionsberichts. Eine überarbeitete Version kam 1845 und die dritte Ausgabe schließlich 1860 heraus. Dieser Ausgabe, die sich von der ersten nur unmaßgeblich unterscheidet, gab Darwin den kürzeren und zugkräftigeren Titel *A Naturalist's Voyage* (*Reise eines Naturforschers*), unter dem das Buch heute bekannt ist. Es handelt sich um einen stattlichen Band von etwa 500 Seiten, den sein Verfasser in nur sechs Monaten fertig gestellt hatte. Das war ein für Darwin einmaliges Tempo, vor allem wenn man bedenkt, wie lang er – wie wir noch sehen werden – für das Buch *Über die Entstehung der Arten* brauchte. Allerdings ist zu berücksichtigen, daß er den Reisebericht noch unter dem unmittelbaren Eindruck seiner Weltumsegelung schrieb und dabei nicht die Last einer großen Theorie zu tragen hatte.

Die *Reise eines Naturforschers* ist Reisetagebuch sowie Beschreibung und Deutung der beobachteten Naturphänomene in einem, mit vielen eingestreuten persönlichen Bemerkungen, die die Begeisterung des jungen Naturforscher für das Gesehene und Erlebte erkennen lassen. In mancher Hinsicht, vor allem im Hinblick auf Lesbarkeit, ist dieses Buch das Beste, was Darwin je veröffentlicht hat. Das Buch atmet den Geist eines aufgeschlossenen Naturforschers, der einerseits erstaunt ist über alles, was zu beobachten ihm vergönnt war, andererseits aber auch versucht, das Beobachtete in eine Ordnung zu bringen. Den Evolutionsgedanken findet man freilich noch nicht, wohl aber ist Darwins Bedürfnis zu spüren, Phänomenen auf den Grund zu gehen und sie umfassend zu erklären. Keine Frage, seine Weltreise hat ihn hellsichtig gemacht, und er wird sich im weiteren auch nicht damit begnügen, Naturphänomene für sich stehen zu lassen.

Heute, im Zeitalter der Spezialisierung, ist es in höchstem Maße erstaunlich, wie viele wissenschaftliche Disziplinen Darwin in der *Reise eines Naturforschers* behandelt, in wie vielen Facetten er die von ihm besuchten Gegenden darzustellen weiß.

Das Buch befaßt sich mit Aspekten unterschiedlichster, damals mehr oder weniger gut fundierter Einzelfächer: Geographie, Klimatologie, Geologie, Mineralogie, Paläontologie, Botanik und Ethnographie. Zudem hat Darwin ein Auge für die Lebensbedingungen und gesellschaftlichen Zustände der von ihm besuchten Völker, und man erkennt – nicht nur zwischen den Zeilen – seine humanistische Gesinnung. Das Buch ist, so könnte man sagen, ein gereiftes Frühwerk, dem sein Autor den Stempel seiner Lebensanschauung aufgedrückt hat, der er auch für den Rest seines Lebens treu bleiben wird.

Von Korallenriffen, Vulkaninseln und Rankenfußkrebsen

Nach dem Erscheinen seines Reiseberichts etablierte sich Darwin in Fachkreisen vor allem als Geologe und Zoologe. Natürlich waren auch die folgenden Arbeiten die Frucht seiner fünfjährigen Reise um die Welt. Noch immer in London, vollendete er eine größere Arbeit über Korallenriffe, worüber er bereits 1837 vor der Geologischen Gesellschaft vorgetragen und auch in der *Reise eines Naturforschers* geschrieben hatte. Die Arbeit erschien 1842 unter dem Titel *The Structure and Distribution of Coral Reefs* (*Über den Bau und die Verbreitung der Korallenriffe*). Zwischenzeitlich hatte er die Auswertung des auf der Reise gesammelten paläontologischen und zoologischen Materials überwacht, woraus ein fünfteiliges – von 1840 bis 1843 erschienenes – Werk entstanden war, herausgegeben von Darwin und bearbeitet von den mit dem Material betrauten Fachgelehrten.

Noch vor der Übersiedlung ins Down House begann Darwin mit der Arbeit an einer anderen geologischen Monographie, der über Vulkaninseln. Das Werk erschien 1844 unter dem Titel *Geological Observations on the Volcanic Islands* (*Geologische Beobachtungen über die vulkanischen Inseln*). Hier trug Darwin alle seine während der Weltreise gesammelten einschlägigen Beobachtungen auf Inseln wie St. Jago, Tahiti, Mauritius und dem Galapagos-Archipel zusammen. Damit war er endgültig als Geologe ausgewiesen.

Besondere Beachtung verdient aber eine zoologische Arbeit Darwins, an der er acht Jahre lang, zwischen 1846 und 1854, arbeitete und die in vier Teilen von zusammen über 1000 Seiten erschien. Dieses gewichtige Werk, *A Monograph of the Sub-Class Cirripedia*, das nie ins Deutsche übersetzt wurde, ist eine überaus gründliche und umfassende Darstellung der Rankenfußkrebse (Cirripedia), die ihn an der Küste von Chile gefesselt hatten. Die Rankenfußkrebse oder Rankenfüßer sind eine Gruppe teils parasitisch lebender, mariner Krebstiere; zu ihnen zählen unter anderem die Entenmuscheln und die Seepocken. Sie sind sessile (festsitzende) Tiere, die sich in Massen auch an Schiffen festwachsen können. Ihre Gestalt erinnert weniger an Krebse als vielmehr an Muscheln. Mit diesem Werk – das von späteren «Rankenfüßer-Arbeiten» wohl nie übertroffen wurde – stellte Darwin unter Beweis, daß er mit geradezu ungeheurer Ausdauer an einem speziellen Problem arbeiten und sich mit winzigen Details äußerst gründlich befassen konnte. Kein Geringerer als Thomas H. Huxley zollte ihm dafür höchstes Lob und schrieb an Francis Darwin, sein «scharfsinniger Vater» hätte nie «etwas Weiseres getan» als sich der großen Mühe und Zeit hinzugeben, die ihn dieses Buch kostete. Warum sich Darwin mit so großer Akribie dieser relativ kleinen, etwa 800 Arten umfassenden und wenig bekannten Tiergruppe hingab, bietet allerdings Raum für Spekulationen. Möglicherweise wollte er damit sich selbst und anderen beweisen, daß er in der Lage sei, «exaktes» wissenschaftliches Arbeiten gleichsam auf die Spitze zu treiben. Außerdem befaßte er sich in dieser Arbeit erstmals ausführlich mit biologischer Systematik und Nomenklatur, womit er in seiner eigenen wissenschaftlichen Laufbahn weitgehend Neuland betrat. Und was Darwin tat, tat er stets gründlich. Vielleicht wollte er mit der unverfänglichen Rankenfüßer-Monographie auch den Evolutionsgedanken verdrängen, der ihn längst zu fesseln begonnen hatte – dies wäre eine psychologisch nicht ganz abwegige Erklärung. Andererseits läßt sich die umfassende Studie auch als empirische Übung und Vorbereitung für die Abfassung seines evolutionstheoretischen Werkes betrachten. So oder anders, das Werk hat wesentlich zu seiner Etablierung als Naturforscher beigetragen.

Ein «gefährlicher» Gedanke nimmt Gestalt an

Es ist oft darüber diskutiert worden, wann Darwin an die Möglichkeit zu denken begann, daß die Organismenarten nicht konstant, sondern veränderlich sind und die heute lebenden Spezies von früheren, «andersartigen» abstammen. Die Entwicklung dieses Gedankens hängt jedenfalls mit seinem Zweifel an der Schöpfungslehre und seiner Abkehr vom Christentum zusammen. Der Theologiestudent war noch überzeugter Christ, und als der junge Naturforscher an Bord der «Beagle» ging, war er ein Anhänger des Schöpfungsglaubens. In seiner *Autobiographie* erinnert er sich daran, daß sich die (durchaus gläubigen) Offiziere des Schiffs belustigten, wenn er die Bibel als Quelle moralischer Wahrheiten zitierte. Erste Zweifel daran wurden in ihm allerdings schon während der fünfjährigen Reise geweckt. Vor allem fragte sich Darwin, warum ein weiser und gütiger Gott die Sklaverei zuläßt und duldet, daß bei Vulkanausbrüchen und Erdbeben unzählige unschuldige Menschen getötet werden. Zunächst aber schienen ihn diese Gedanken nicht sonderlich zu belasten. Etwa zwei Jahre nach seiner Rückkehr von der Weltreise hegte er allerdings schon materialistische und atheistische Ansichten, äußerte sie aber aus Rücksichtnahme auf seine künftige Ehefrau kaum. Im Laufe der weiteren Jahre sah Darwin zunehmend einen unüberbrückbaren Gegensatz zwischen seinen wissenschaftlichen Entdeckungen und Überlegungen und den christlichen Dogmen. Den letzten Rest seines Glaubens an eine gerechte Welt zerstörte 1851 ein tragisches familiäres Ereignis, nämlich der Tod seiner ältesten und besonders geliebten Tochter Annie, die im Alter von nur zehn Jahren von einer heimtückischen Krankheit hinweggerafft wurde.

Als Darwin – nach eigener Aussage im Juli 1837 – begann, sich Notizen über Artenvielfalt und Artentstehung zu machen, war der Evolutionsgedanke als solcher allerdings nicht mehr neu. Abgesehen von mehreren früheren, teils nur vage ausgesprochenen Vermutungen in dieser Richtung, hatte der französische Naturforscher Jean Baptiste de Lamarck (1744–1829) in seinem 1809 erschienenen Werk *Philosophie zoologique* (Zoo-

logische Philosophie) deutlich festgestellt, daß Arten veränderlich seien und daß sich diese Veränderung langsam, in kleinen Schritten vollziehe. Lamarck hatte eine «Vererbung erworbener Eigenschaften» angenommen, also geglaubt, die im Leben eines Individuums entwickelten Merkmale seien vererbbar, so daß es im Laufe der Zeit gleichsam zu einer Merkmalsakkumulation und mithin zur Veränderung von Arten komme. Dieser Glaube hat sich zwar als Irrtum herausgestellt, aber Lamarck hat als der erste Evolutionstheoretiker im engeren Sinn zu gelten. Im übrigen hat Erasmus Darwin ganz ähnliche Ansichten vertreten wie Lamarck. Beide aber haben die Argumente Charles Darwins bei der Entwicklung des Evolutionsgedankens kaum beeinflußt. Obwohl er später in einem historischen «Vorspann» zu seinem Buch *Über die Entstehung der Arten* Lamarck (und eine Reihe anderer Naturforscher) ausdrücklich als «Vorläufer» seiner eigenen Auffassungen erwähnt, muß man insgesamt sagen, daß Darwin die Evolution – er sprach vorzugsweise von *Transmutation* – für sich selbst neu entdeckt hat. In den Jahren 1842 und 1844, während er noch an speziellen geologischen und zoologischen Problemen arbeitete, verfaßte er vorläufige (unveröffentlichte) Essays dazu.

Zu dieser Zeit (1843) wurde er mit Joseph D. Hooker (1817–1910) näher bekannt. Hooker war einer der bedeutendsten Botaniker des 19. Jahrhunderts und der erste Naturwissenschaftler, den Darwin in seine evolutionstheoretischen Pläne einweihte. Er hatte selbst an einer vierjährigen Forschungsreise in die Südpolarregion teilgenommen und dokumentierte den Ertrag dieser Expedition in einem mehrbändigen botanischen Werk. Später unternahm er weitere Forschungsreisen unter anderem nach Indien und Nordafrika und wurde für seine wissenschaftliche Arbeiten mehrfach ausgezeichnet. Zwischen Darwin und Hooker entwickelte sich eine umfangreiche Korrespondenz und lebenslange Freundschaft. Hookers Kenntnisse und Ansichten waren für Darwin bald unverzichtbar, und sein reger Gedankenaustausch mit Hooker diente ihm zur Absicherung seiner eigenen Auffassungen. Hookers Meinung zu allen Fragen war für ihn von geradezu unschätzbarem Wert. Schließlich brauchte er jemanden, der ihn auf einem ungesicherten Terrain begleitete.

Darwins «gefährliche» Idee bestand also zunächst darin, daß er an die Stelle der einmaligen Schöpfung der Lebewesen den evolutiven Artenwandel setzte. Das war, wie gesagt, nicht neu, aber da Lamarcks Vorstellungen nur relativ wenig Beachtung gefunden hatten, mußte diese Idee erst zum Durchbruch gebracht werden. Nun ist es eines zu behaupten, daß die Arten veränderlich sind, ein anderes aber darzulegen, wodurch der Artenwandel zustande kommt. Darüber grübelte Darwin lange nach. Es ging ja um nichts weniger als die *Ursachen* der «Transmutation». Je besser aber die «Ursachen-Frage» beantwortet werden konnte, desto stärkere Argumente konnten sich für den Artenwandel selbst finden. Eine erste Antwort fand Darwin bereits im Herbst 1838 als er, «zufällig» und «zur Unterhaltung», wie er in seiner *Autobiographie* bemerkt, das Werk *On Population* (*Über die Bevölkerung*) von Malthus las. Thomas R. Malthus (1766–1834), von Hause aus Theologe, wurde einer der einflußreichsten Nationalökonomen seiner Zeit. Vor dem Hintergrund des Massenelends im beginnenden Zeitalter der Industriellen Revolution zeichnete er ein düsteres Bild von der Zukunft der Menschheit. Die Bevölkerung, so argumentierte er, nimmt, wenn sie sich ungehemmt entfaltet, in einer geometrischen Reihe zu (2, 4, 8, 16 ...), während die Ressourcen (Nahrungsmittel) nur in einer arithmetischen Reihe zunehmen (2, 4, 6, 8 ...). Zwar bezog Malthus seine Überlegungen nur auf die Zustände beim Menschen, meinte aber, daß dieses «Gesetz» die gesamte belebte Natur durchdringe. Seine Auffassungen standen im Gegensatz zu jenen der Naturtheologen, für die alles in der Welt zum allgemeinen Wohl und im Dienste einer universellen Harmonie geschah. Das war eine optimistische Weltsicht. Malthus' Sicht der Dinge hingegen war sehr pessimistisch. Er sah einen ständigen Kampf ums Dasein und immer wiederkehrende Katastrophen, die stets die gleiche – aber eben nicht schöne – Welt erzeugten. Damit hatte Darwin eine Theorie, mit der er «arbeiten konnte». Wohl war er aufgrund seiner Beobachtungen an Tieren und Pflanzen auf einen

Kampf ums Dasein vorbereitet gewesen, nun aber sah er, daß daraus die Bildung neuer Arten hervorgehen konnte. So nahm die *Selektionstheorie* Gestalt an, deren «Gefährlichkeit» vor allem darin bestand – und besteht –, daß sie jeden übernatürlichen Faktor bei der Erklärung der Vielfalt der Lebewesen und ihrer Entstehung ausschließt. Selektionstheorien wurden zwar schon in der Antike vertreten, und ein Kampf ums Dasein blieb auch den Naturtheologen nicht verborgen. Aber man nahm einfach an, daß der Schöpfer auf diese Weise in die Natur eingreife, um die von ihm bezweckte Vollkommenheit und Harmonie zu gewährleisten.

Schon zwei Jahre nach seiner Weltreise zeichnete sich für Darwin also nicht nur die Idee der Evolution deutlich ab, sondern auch deren *kausale Erklärung*. Die Weltreise selbst hatte ihn ja schon mit einigen «Merkwürdigkeiten» in der Natur vertraut gemacht; in der Einleitung zu seinem Buch *Über die Entstehung der Arten* schreibt Darwin darüber im Rückblick darauf folgendes:

> «Als ich mich als Naturforscher an Bord der ‹Beagle› befand, war ich aufs höchste überrascht durch gewisse Merkwürdigkeiten in der Verbreitung der Tiere und Pflanzen Südamerikas sowie durch die geologischen Beziehungen der gegenwärtigen Bewohner dieses Erdteils zu den früheren ... [Diese Tatsachen] schienen mir einiges Licht zu werfen auf die Entstehung der Arten, das Geheimnis aller Geheimnisse ... Nach meiner Heimkehr (1837) wurde mir immer klarer, daß sich vielleicht durch Sammeln und Vergleichen aller damit zusammenhängenden Tatsachen etwas zur Lösung der Frage tun ließe» (S. 24).

Aber noch zwanzig weitere Jahre intensiver Arbeit mußten verstreichen, bis er endlich bereit war, jenes «große Buch» erscheinen zu lassen.

An dieser Stelle muß auf ein Mißverständnis hingewiesen werden, das immer noch in einigen Köpfen herumgeistert. Es besteht in dem Glauben, daß Darwin streng *induktiv* gearbeitet, also Tatsachen angehäuft habe, bis ihm endlich ein Licht in Form der Evolutionstheorie (Selektionstheorie) aufging. Natürlich spielten für ihn empirische Tatsachen eine herausragende

Rolle, genauso wichtig für die Entwicklung seiner Gedankenwelt war aber immer auch die *Theorie*. Ein Gutteil seines Werkes kann als «theoriegeleitet» bezeichnet werden, seine Methode im wesentlichen als *hypothetisch-deduktiv*. Wenn man von seinen frühen Lebensphasen absieht, in denen er bloß Sammler war, arbeitete Darwin immer so, wie es eigentlich in den (Natur-)Wissenschaften üblich ist (die eben nicht, wie es ein alter Mythos will, in einer Anhäufung von «Fakten» bestehen, denen jeweils eine Theorie folgt): Er beobachtete, «spekulierte» (wenn auch stets sehr diszipliniert), stellte Fragen, entwickelte Hypothesen und Theorien, beobachtete wieder und so weiter. Er sprang sozusagen hin und her zwischen «Tatsache» und «Theorie» und festigte auf diese Weise sein Gedankengebäude. Er wollte «sammeln» und «vergleichen» – um eine Theorie zu entwickeln, die ihm schon «dämmerte». Daß er in seinen Arbeiten den «Fakten» stets einen sehr breiten Raum widmete, hatte nicht zuletzt mit der damals weithin akzeptierten Meinung zu tun, in den Naturwissenschaften müsse man induktiv vorgehen. Die moderne Wissenschaftsphilosophie zieht keine scharfe Grenze zwischen empirischer Forschung und Theorienbildung; Darwin liefert dafür ein gutes «Fallbeispiel». Was nützt auch ein Berg von «Fakten», wenn man nicht weiß, was man damit anfangen soll? Darwins Genie bestand gerade darin, daß er die Fülle des empirischen Materials in ein umfassendes Erklärungsschema einzuordnen wußte, welches alle vorangegangenen «Erklärungen» der Vielfalt des Lebens hinter sich und als obsolet erscheinen ließ. Sein Weltbild ersetzte vor allem das der Naturtheologen. Denen standen auch viele «Fakten» zur Verfügung, die aber in eine falsche «Theorie» eingebettet waren.

Seine wissenschaftlichen Erfolge, bemerkte Darwin in seiner *Autobiographie*, seien seinen komplexen und mannigfaltigen geistigen Eigenschaften zu verdanken gewesen: seiner Liebe zur Wissenschaft, seiner grenzenlosen Geduld beim Nachdenken über jedes Problem, seinem Fleiß beim Sammeln von Tatsachen, seiner Erfindungsgabe und seinem gesunden Menschenverstand. Bescheiden wie er war, sprach er dabei von moderaten, mittelmäßigen Fähigkeiten – die aber, wie hinzugefügt werden darf, bei nur wenigen Naturforschern in dieser Kombination ausgeprägt sind.

Daß Darwin seine «gefährliche» Theorie letztlich unter einem gewissen Zwang zu Papier brachte, ist einem bemerkenswerten Umstand zu verdanken, über dessen Hintergründe sich Wissenschaftshistoriker schon öfter den Kopf zerbrochen haben und über den wir im folgenden Kapitel berichten.

Die Entstehung der Arten – eine Theorie erschüttert die Welt

Charles Darwin und Alfred Russel Wallace

Am 28. Juni 1858 sah Darwin nach dem Frühstück seine Post durch. Eine Sendung war aus dem Fernen Osten, aus Ternate (einer indonesischen Insel im Molukken-Archipel), eingetroffen. Absender war der junge Naturforscher und Sammelreisende Alfred Russel Wallace (1823–1913). Darwin war ihm nie persönlich begegnet, stand aber seit knapp zwei Jahren mit ihm im gedanklichen Austausch. Nun hatte ihm Wallace ein kürzeres Manuskript geschickt, in der Hoffnung, der bereits namhafte Gelehrte und Landsmann werde es lesen und einer Zeitschrift zur Veröffentlichung empfehlen. Die Sendung war fast drei Monate unterwegs gewesen als sie endlich Darwin auf seinem Landsitz erreichte. Das Manuskript trug den Titel: «On the Tendency of Varieties to Depart Indefinitely from the Original Type» («Über die Neigung der Varietäten, sich unbeschränkt von ihrem ursprünglichen Typus zu entfernen»). Wallace hatte es unter denkbar schwierigsten Verhältnissen verfaßt, geplagt von heftigen Malaria-Attacken, die ihn in seiner einsamen, mit Palmenblättern bedeckten Hütte regelmäßig niederwarfen. Aber er war begierig zu erfahren, ob seine Ideen etwas wert, wissenschaftlich haltbar waren.

Darwin begann die Arbeit zu lesen. Mit jeder Zeile wurde er unruhiger, nach der Lektüre des vollständigen Textes war er wie gelähmt. Denn was er da vor sich hatte, war praktisch seine eigene Theorie, die Kurzfassung eines Textes, an dem er schon seit 20 Jahren arbeitete. Das «große Buch», das daraus werden sollte, war noch lange nicht fertig. Er hatte sich Zeit gelassen, viel Zeit. Wallace verwendete zwar nicht den Ausdruck «natürliche Auslese», aber sonst waren seine Gedankengänge denen Darwins verblüffend ähnlich, ja, dieser mußte befürchten, daß ein anderer seine Theorie vorweggenommen hatte.

Darwin und Wallace hatten eines gemeinsam: Sie waren fasziniert von der Vielfalt der Lebewesen und wollten allgemeine Gesetzlichkeiten darüber herausfinden. (Übrigens hatte auch Wallace das Buch von Malthus gelesen.) Dazu kam, daß sie in den Naturwissenschaften Amateure waren. Keiner von beiden hatte einen ordentlichen Universitätsabschluß in einer naturwissenschaftlichen Disziplin, Wallace hatte überhaupt nicht studiert. In gesellschaftlicher Hinsicht indes konnten die Unterschiede zwischen beiden kaum größer sein. Dem wohlhabenden Gutsbesitzer Darwin, der trotz seiner Zurückgezogenheit in der akademischen Welt bestens etabliert war, stand mit Wallace ein Außenseiter gegenüber. Das achte von neun Kindern eines nicht gerade gut situierten Anwalts hatte früh für sich selbst sorgen müssen und sich als Landvermesser und Zeichenlehrer betätigt. Seine Begeisterung für die Natur und seine Abenteuerlust trieben Wallace bald in die weite Welt hinaus. Auch durfte er dabei mit einigem finanziellen Erfolg rechnen. Seine Sammelreisen sollten nicht zuletzt dazu dienen, aus dem Verkauf von exotischen Pflanzen und Tieren in der Heimat etwas Profit zu schlagen. In fernen Ländern gesammelte Naturalien waren damals in England bei Museen und wohlhabenden Privatsammlern sehr gefragt. Wallace hatte mit seinen Unternehmungen aber, alles in allem, einen nur bescheidenen wirtschaftlichen Erfolg. Vielleicht konnte er nun mit einer neuen Theorie Aufmerksamkeit auf sich lenken? Ein durchschlagender Erfolg sollte ihm aber auch in diesem Zusammenhang nicht gelingen.

Was geschah, nachdem Darwin seine Arbeit gelesen hatte? Die Übereinstimmungen mit seiner eigenen Theorie waren so groß, daß er erregt an Lyell schrieb, Wallace hätte keine bessere Zusammenfassung seiner Aufzeichnungen anfertigen können, wäre er nur in deren Besitz gewesen. Darwin mußte befürchten, daß seine Mühen der letzten 20 Jahre umsonst waren. An der Originalität der Gedanken von Wallace bestand kein Zweifel, da dieser von Darwins evolutionstheoretischen Überlegungen noch nichts wissen konnte. Nicht zu bezweifeln ist auch, daß Darwin kein Interesse an einem offenen Prioritätsstreit hatte; ein solcher paßte nicht zu seinem Naturell. Man darf Darwin, selbst wenn das ein wenig kitschig klingt, als «noblen Geist» bezeichnen. Aber auch Wallace gebührt dieses Attribut. Andererseits war das akademische Establishment im London seiner Zeit an Wallace viel weniger interessiert. Darwins Freunde – vor allem Hooker und Lyell – waren, so scheint es, um Darwins Priorität noch mehr besorgt als er selbst. Schließlich arrangierte man sich.

Am 1. Juli 1858 wurde die Abhandlung von Wallace zusammen mit einem Auszug aus Darwins vorliegendem Text in einer Sitzung der «Linnean Society» in London vorgetragen. Nur etwa 30 Gäste waren anwesend, und keiner von ihnen scheint bemerkt zu haben, welchen Zündstoff die präsentierten Arbeiten bergen sollten. So endete die Sitzung sehr unspektakulär; niemand aus dem Auditorium stellte ein Frage, eine Diskussion blieb aus. Im Jahresrückblick der «Linnean Society» wurde vermerkt, daß das Jahr 1858 ohne herausragende, revolutionierende wissenschaftliche Entdeckungen verstrichen sei. War es einfach Blindheit? Oder wollte man zum damaligen Zeitpunkt (noch) kein Aufsehen erregen? Oder sollten bloß die Gedanken von Wallace totgeschwiegen werden?

Daß Wallace aufgrund seiner schlechten sozialen Stellung gegenüber Darwin benachteiligt war und ihn die gelehrten Kreise Londons bewußt ignorierten, läßt sich nicht in Abrede stellen. Auch später hätte er wesentlich mehr Anerkennung verdient, als ihm tatsächlich zufiel. Wallace hat zahlreiche biologische und geographische Arbeiten verfaßt (darunter ein zweibändiges Werk über die geographische Verbreitung der Tiere), hunderte neue Tierarten bestimmt, und seine Sammlungen waren von unschätzbarem Wert. Als er im April 1863 von seiner achtjährigen (!) Expedition im südostasiatischen Raum nach London zurückkehrte, brachte er nicht weniger als 125 660 Tiere mit. Es hat kaum jemals ein vergleichbar erfolgreiches naturkundliches Ein-Mann-Unternehmen gegeben. Wallace hätte also von Anfang an eine bessere Behandlung verdient. (Übrigens verschaffte ihm Darwin später eine Pension und half ihm immer wieder, seine Arbeiten zu veröffentlichen.)

Mit ziemlicher Sicherheit können wir aber auch sagen, daß Wallace mit seinem Aufsatz «On the Tendency of Varieties ...» die Theorie der Evolution durch natürliche Auslese nicht wirklich zu etablieren imstande gewesen wäre. Der Aufsatz hätte nicht die öffentliche Aufmerksamkeit erregt, die Darwins Buch *Über die Entstehung der Arten* schließlich erregen sollte. Dazu kommt, daß Wallace die Selektionstheorie nicht so konsequent wie Darwin weitergedacht hat. Als Spiritist glaubte er, daß sich in der Natur ein fortschrittlicher «Geist» manifestiert, und war letztlich nicht bereit, die Theorie auf den Menschen auszudehnen. Man kann also mit Fug und Recht behaupten, daß im Hinblick auf diese Theorie Darwin der «wahre Revolutionär» war – und bleibt. Paradoxerweise war es aber Wallace, der den Ausdruck *Darwinismus*, den schon Thomas H. Huxley beiläufig verwendet hatte, als Titel eines umfassenden evolutionstheoretischen Werkes gebrauchte (womit er nicht nur Darwins, sondern eben auch seine eigene Theorie charakterisierte) und so einen, wie wir noch sehen werden, nicht eben unproblematischen Ausdruck unsterblich machte.

Zurück zum Jahr 1858. Nach dem ihm durch den Aufsatz von Wallace versetzten Schrecken setzte sich Darwin hin und vollendete das Buch, an dem er schon so lange gearbeitet hatte. Sonst hätte er sich sicher noch mehr Zeit gelassen, und, wer weiß, vielleicht hätte er das Buch überhaupt nicht veröffentlicht. Denn es hatten sich tausende Seiten an Aufzeichnungen angesammelt, aber nichts davon war zur Publikation fertig. Die Umstände – und seine Freunde – zwangen ihn nun förmlich, aus dem vorhandenen Material in möglichst kurzer Zeit ein lesbares und halbwegs handliches Buch zu machen.

«Über die Entstehung der Arten»

Das Buch nahm, für Darwins Verhältnisse, schnell Gestalt an und erschien am 24. November 1859 unter dem für heutige Begriffe etwas umständlichen Titel *On the Origin of Species by*

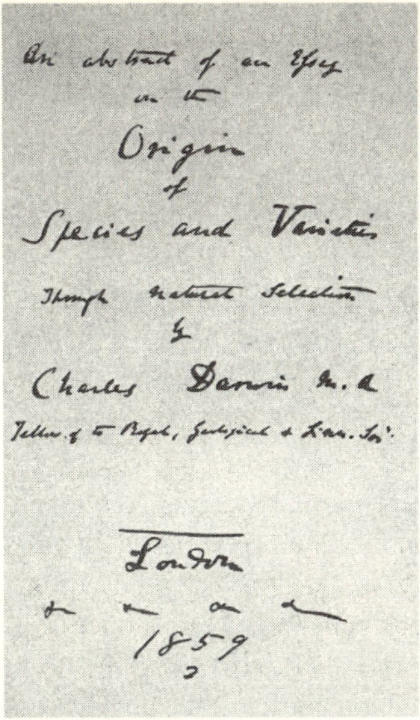

Abb. 6: Darwins handschriftlicher Entwurf für das Titelblatt des Buches *Über die Entstehung der Arten.* Er schickte den Entwurf an Lyell.

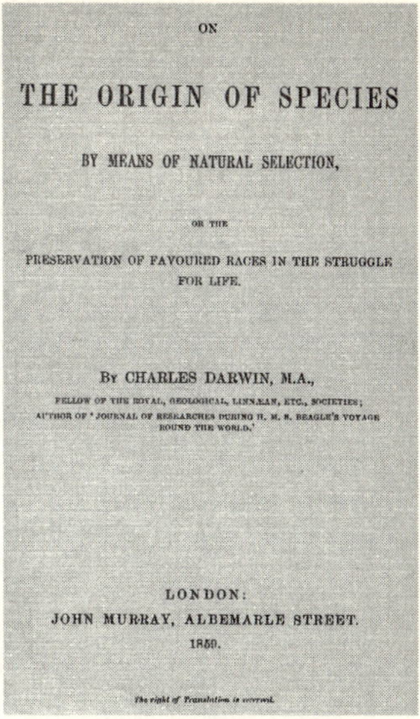

ON

THE ORIGIN OF SPECIES

BY MEANS OF NATURAL SELECTION,

OR THE

PRESERVATION OF FAVOURED RACES IN THE STRUGGLE FOR LIFE.

BY CHARLES DARWIN, M.A.,

FELLOW OF THE ROYAL, GEOLOGICAL, LINNÆAN, ETC., SOCIETIES;
AUTHOR OF 'JOURNAL OF RESEARCHES DURING H. M. S. BEAGLE'S VOYAGE ROUND THE WORLD.'

LONDON:
JOHN MURRAY, ALBEMARLE STREET.
1859.

The right of Translation is reserved.

Abb. 7: Titelblatt der 1859 erschienenen Originalausgabe des Buches *Über die Entstehung der Arten.*

Means of Natural Selection, or the Preservation of Favoured Races in the Struggle for Life (*Über die Entstehung der Arten durch natürliche Zuchtwahl oder die Erhaltung der begünstigten Rassen im Kampfe um's Daseyn*) (Abb. 6, 7). Der Londoner Verlag John Murray hatte 1250 Exemplare gedruckt. Darwin war skeptisch, was den Erfolg des Buches anbelangte und meinte, die Auflage sei vielleicht zu hoch. Bald sollte sich herausstellen, daß dies keineswegs der Fall war. Zwar ist es nicht ganz richtig, daß, wie immer wieder behauptet wird, die erste Auflage am Tag ihres Erscheinens schon vergriffen war. Tatsache ist, daß alle 1250 Exemplare von den Buchhändlern bestellt worden waren, was über den tatsächlichen Verkauf noch nicht allzu viel besagt. Tatsache ist aber auch, daß noch zu Darwins Lebzeiten fünf weitere Auflagen erschienen, und im

Jahr 1876 allein in England 16 000 Exemplare verkauft waren – ein für die damalige Zeit gewaltiger Erfolg. Im England des ausgehenden 19. Jahrhunderts war praktisch jeder halbwegs gebildete Mensch im Besitz des Buches. Auch in den gelehrten Zentren außerhalb Englands war das Buch schnell verbreitet und wurde in allen bedeutenden Universitätsstädten der Welt zum großen Gesprächsthema. Heute liegt die *Entstehung der Arten* in zahlreichen Nachdrucken und Übersetzungen vor und ist längst ein Klassiker der wissenschaftlichen Literatur. Natürlich wird das Buch – wie es das Schicksal aller großen Werke will – häufiger gekauft als gelesen und häufiger gelesen als verstanden.

Nimmt man das Buch oder eine seiner zahlreichen Neuausgaben und Übersetzungen heute zur Hand, dann fällt es nicht ganz leicht zu erkennen, worin denn seine revolutionierende, ja erschütternde Wirkung bestanden haben mag. Der – im Original – etwa 450 Seiten starke Band liest sich etwas langatmig und enthält unzählige geologische und biologische Details, Beobachtungen und «Fakten» über die geographische Verbreitung der Lebewesen, ihre Morphologie, Embryonalentwicklung und Klassifikation. Breiten Raum nehmen Beobachtungen über Tierzucht ein, die für die Theoriebildung bei Darwin von großer Bedeutung war. Von einer einzigen schematischen Zeichnung abgesehen, enthält das Buch keinerlei den Text auflokkernde Abbildungen oder Tabellen: Als wollte Darwin seinen Lesern sagen, allein die Stringenz der Gedanken zählt. Aber genauer besehen ist das Buch – das Darwin selbst bescheiden als «Auszug» bezeichnete, der «natürlich unvollkommen» sei –, letztlich nichts anderes als, wie Ernst Mayr ausgeführt hat, *ein* langes Argument für die Evolution als solche und für die Selektionstheorie als Erklärung des Artenwandels. Darwin war, obwohl er das Buch am Ende relativ schnell zusammenschreiben mußte, sehr darauf bedacht, alle seine Aussagen und Schlußfolgerungen genau zu begründen und durch empirische Tatsachen zu belegen. Allzu schwer dürfte ihm das nicht gefallen sein, da er mehr als zwei Jahrzehnte über seine Argumente nachgedacht hatte.

Den Kern des Buches bildet die Theorie der Evolution durch natürliche Auslese, die allerdings relativ einfach nachzuvollziehen ist. Sie beruht auf einigen Beobachtungen und Schlußfolgerungen:

Beobachtungen
1. Lebewesen pflanzen sich potentiell unbegrenzt fort (Nachkommenüberschuß).
2. Die Ressourcen (Nahrungsmittel) sind begrenzt.
3. Jedes Individuum einer Art ist einmalig.
4. Die Individuen einer Art sind in ihrer Fortpflanzung unterschiedlich erfolgreich.

Schlußfolgerungen
1. Die Individuen einer Art stehen miteinander im Wettbewerb.
2. Die natürliche Auslese oder Selektion fördert die jeweils Tauglichsten.
3. Über viele Generationen kommt es zu einer Veränderung der Arten (Evolution).

Kurz gesagt, da Lebewesen in der Regel mehr Nachkommen erzeugen als unter den jeweils gegebenen Bedingungen – also bei begrenzten Ressourcen – überleben können, kommt es unweigerlich zu einem Wettbewerb ums Dasein (*struggle for life*), in dem bloß die tauglichsten Individuen überleben und selbst Nachkommen produzieren können (*survival of the fittest*).

Die Natur betreibt also «Zuchtwahl», allerdings nur im übertragenen Sinn, da sie von keinen Absichten getragen wird. «Zuchtwahl» wird so bloß zu einer Analogie, denn die heute existierenden Lebewesen sind das Ergebnis der *natürlichen* Auslese, einer gleichsam mechanisch wirkenden «Kraft», die keine Absichten und Ziele kennt. Darwin schrieb folgendes:

> «[Der Mensch] kann weder Varietäten schaffen noch ihr Auftreten verhindern; er kann sie nur, wo sie vorkommen, erhalten und häufen. Ungewollt setzt er organische Wesen neuen, veränderten Lebensbedingungen aus, und die Variation erfolgt. Aber ein ähnlicher Wechsel der Lebensbedingungen kommt auch in der Natur vor. Ferner wollen wir nicht aus den Augen verlieren, wie unendlich ver-

wickelt und eng verknüpft die Beziehungen der Lebewesen zueinander und zu den äußeren Lebensbedingungen sind, und welch unendlich mannigfaltigen Abänderungen der Struktur einem Geschöpf daher unter wechselnden Lebensbedingungen nützlich sein können» (*Über die Entstehung der Arten*, S. 121).

Damit wird die Annahme jedes wie auch immer gearteten «übernatürlichen» Prinzip überflüssig. Genau damit hat Darwin seine Zeitgenossen erschüttert, und vielen fällt es noch heute schwer, sich die Natur und ihre Entwicklung ohne jeden intelligenten Plan vorzustellen. Außerdem werden die Formeln *struggle for life* und *survival of the fittest* nach wie vor häufig mißverstanden. Wohl meinte Darwin mit *struggle* auch einen buchstäblichen «Kampf», im wesentlichen aber einen durchaus unblutigen Wettbewerb, der sich allerdings auch mit einiger Härte vollzieht und für die unterlegenen Individuen negative Konsequenzen mit sich bringt. Vor allem Pflanzen «kämpfen» ja nicht miteinander, aber sie können Ressourcen – etwa Licht und Feuchtigkeit – einander «wegnehmen». Mit *survival of the fittest* meinte Darwin das Überleben derjenigen Individuen, die, ganz allgemein, über irgendwelche «Einrichtungen» verfügen, die ihren Artgenossen fehlen. *Fit* ist beispielsweise ein Feldhase, der relativ schneller laufen kann als seine Artgenossen. Er wird sich, da er wahrscheinlich länger am Leben bleibt als diese, in der Regel auch erfolgreicher fortpflanzen. Und das ist es, worauf es in der Natur letztlich ankommt: erfolgreiche Fortpflanzung, genetisches Überleben. Im übrigen stammt der Ausdruck *survival of the fittest* nicht von Darwin selbst. Er übernahm ihn – auf Anraten von Wallace – von dem Philosophen Herbert Spencer (1820–1903), der sich in einem gewaltigen, vielbändigen Werk um eine umfassende evolutionäre Weltsicht bemühte. Der treffende deutsche Ausdruck ist «Überleben der Tauglichsten», während andere, ebenfalls oft gebrauchte Übersetzungen («Überleben der Tüchtigsten», «Überleben der Passendsten»), als mißglückt und irreführend zu bezeichnen sind.

Tatsächlich ging es Darwin darum zu zeigen, daß die natürliche Auslese auf der Grundlage individueller Fortpflanzungsleistungen wirkt. Individuen können über nützliche oder weniger nützliche Merkmale verfügen. Im ersten Fall werden sie mit einer gewissen Wahrscheinlichkeit in der nächsten Generation mehr Nachkommen hinterlassen als ihre Artgenossen. Die Individuen selbst unterliegen keinem evolutiven Wandel, der sich erst auf der Ebene der *Population* (= Gruppe von potentiell miteinander kreuzbaren Individuen in einem bestimmten geographischen Raum) vollzieht, und zwar als Änderung der durchschnittlichen Zusammensetzung der Population im Laufe von Generationen. Die individuellen Varianten der Lebewesen bieten der Selektion gewissermaßen eine Angriffsfläche, mit der Konsequenz, daß sie dort einsetzen kann. «Die natürliche Zuchtwahl», betonte Darwin, «kann ... ebensowohl das Ei, den Samen oder das Junge abändern wie den Erwachsenen» (*Über die Entstehung der Arten*, S. 184 f.).

Ein gewisser Schwachpunkt war, daß Darwin wenig über Vererbung wußte und zum Teil falsche Vorstellungen davon hatte. Die Vererbungslehre wurde erst 1866 vom Augustinerabt Gregor Mendel (1822–1884) begründet, zunächst aber praktisch von niemandem wahrgenommen und erst zu Beginn des 20. Jahrhunderts wieder entdeckt. Mendel erkannte richtig, daß bei der sexuellen Fortpflanzung die elterlichen genetischen Potenzen nicht einfach miteinander verschmelzen, sondern sich in jeder neuen Generation auch neu ordnen. Dieser Vorgang der *genetischen Rekombination* spielt, wie wir heute wissen, eine bedeutende Rolle für die Evolution. Er liefert die wichtigste Quelle jeder individuellen Variation und damit der genetischen Vielfalt, die wiederum die Voraussetzung für Evolution darstellt. Hier tappte Darwin noch im Dunklen, doch um so erstaunlicher ist es, daß er intuitiv richtig argumentierte.

Das Buch *Über die Entstehung der Arten* ist aber keineswegs ausschließlich eine Darlegung und Begründung der Selektionstheorie. Es enthält darüber hinaus noch weitere Theorien: Erstens die Theorie, daß sich Arten überhaupt verändern (*Evolution als solche*), die zwar nicht Darwins eigene Idee war, die er aber sozusagen für sich selbst noch einmal zu formulieren hatte (S. 46). Zweitens die Theorie der *gemeinsamen Abstammung*,

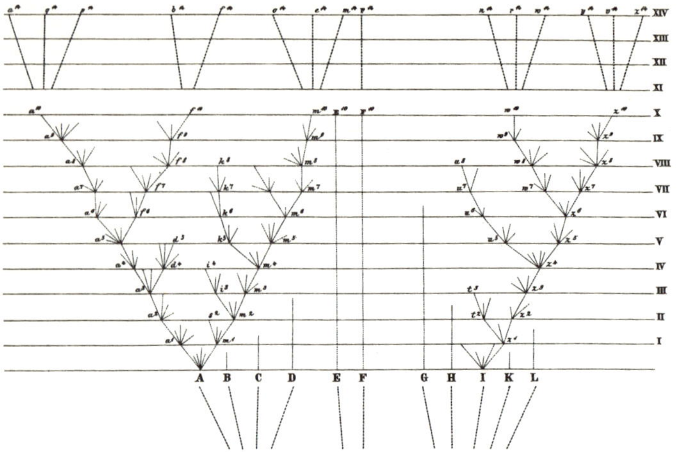

Abb. 8: Darwins Vorstellung von der Auseinanderentwicklung der Arten, skizziert in dem Buch *Über die Entstehung der Arten* (die einzige Illustration, die er dem Buch beigegeben hat).

A bis L bezeichnen einander ähnliche Spezies einer Gattung. A steht für eine weit verbreitete Art, die von ihr auseinanderlaufenden (punktierten) Linien sind ihre variierenden Nachkommen. Die Zwischenlinien I bis XIV markieren je tausend Generationen. Wahrscheinlich, so vermutete Darwin, variiert in einer umfänglichen Gattung im Laufe der Zeit mehr als nur eine Art (hier die Spezies I). «Die Varietäten oder abgeänderten Nachkommen der gemeinsamen Stammform ... werden ... im allgemeinen zahlreicher und streben in ihren Merkmalen immer mehr auseinander» (*Über die Entstehung der Arten*, S. 167).

wonach jede Organismengruppe von einem gemeinsamen Vorfahren abstammt und letztlich alle heute lebenden Arten auf einen gemeinsamen Ursprung zurückzuführen sind. Drittens die Theorie der *Vervielfachung von Arten*, der zufolge aus einer Ursprungsart, etwa durch geographische Isolation und Spezialisierung auf Nahrungsnischen, mehrere «Tochterarten» hervorgehen (Abb. 8). (Dabei ist nochmals an die Darwin-Finken zu erinnern.) Viertens schließlich der *Gradualismus*, die Auffassung, daß sich Evolution kontinuierlich, langsam, in unzähligen kleinen Schritten vollzieht. Hier folgte Darwin allerdings einer alten naturphilosophischen Tradition, wonach die Natur grundsätzlich keine Sprünge macht.

Man wird Darwins revolutionärer Bedeutung aber kaum gerecht, wenn man nicht folgenden Umstand ganz besonders hervorhebt: Das abendländische Denken war über zwei Jahrtausende maßgeblich von einem *typologischen Denken* geprägt, wonach sich die Natur auf einige unwandelbare *Typen* oder *Wesenheiten* zurückführen läßt. Diese Denkweise übt noch heute auf viele Bereiche unseres gesellschaftlichen und intellektuellen Lebens einen starken Einfluß aus. Darwin hingegen erkannte ganz deutlich, daß allein die *Variation* real ist und nicht der *Typus*. So ist «*die* Menschheit» etwas Abstraktes, real hingegen ist jedes einzelne ihrer – heute über sechs Milliarden – Individuen. Wenngleich sie alle zweifelsohne einer einzigen Spezies, *Homo sapiens*, angehören, ist jedes dieser Individuen einmalig und nur mit sich selbst identisch. Jeder einzelne Mensch unterscheidet sich durch viele Merkmale von allen anderen Menschen. (Man braucht dabei nur etwa an die Fingerabdrücke zu denken.) «Darwins Genie bestand darin herauszufinden, daß diese Einzigartigkeit eines jeden Individuums nicht auf die Art Mensch beschränkt ist, sondern gleichermaßen für alle ... Tier- und Pflanzenarten gilt» (Ernst Mayr, *... und Darwin hat doch recht*, S. 65). Damit hat er ein Welt- und Menschenbild gezeichnet, das sich ganz entscheidend von dem der meisten seiner Vordenker unterscheidet und vielerorts bis heute nicht begriffen wurde oder nicht begriffen werden will.

Zwar muß man sich stets vergegenwärtigen, daß Darwins Buch *Über die Entstehung der Arten* wie auch alle anderen seiner Werke in erster Linie einen Beitrag zur empirischen Naturwissenschaft darstellt. Nun hat aber auch Darwin nicht in einem geistigen Vakuum gelebt und war sich der allgemeinen, über die empirische Naturwissenschaft hinausgehenden geistigen Probleme seiner Zeit bewußt. So war sein Werk letztlich auch ein Beitrag zur Lösung dieser Probleme, die den gesellschaftlichen Bereich genauso betrafen wie den religiösen. Darwins detaillierte Schilderungen etwa der Bastardbildung im Tierreich oder der Abänderungen von Tieren und Pflanzen im Zustand der Domestikation hätten, für sich genommen, außer einigen Fachwissenschaftlern wohl kaum jemanden aufgeregt. Aber darauf beschränkte sich sein Werk nicht. Über allem schwebte ein Gedankengebäude, welches das gängige Weltbild revolutionierte und fortan auf verschiedene Bereiche unseres Denkens einen mächtigen Einfluß ausüben sollte. Was sich im Jahrhundert vor Darwin in den Werken einiger weniger Naturforscher und Philosophen ankündigte, hat Darwin mit aller Deutlichkeit und endgültig vollzogen: den Übergang von einem *statischen* zu einem *dynamischen* Weltbild. Nur so sind die vielen heftigen Kontroversen um sein Werk und die Erschütterung zu verstehen, die vor allem das Buch *Über die Entstehung der Arten* auslöste.

Anhänger und Gegner

Das Erscheinen dieses Buches alarmierte, wie nicht anders zu erwarten war, sofort kirchliche Kreise. Sein Autor leugnete die Schöpfung, rechnete mit großen Zeiträumen für die Geschichte der Erde und des Lebens und lehnte die Existenz eines universellen göttlichen Plans ab. Aber das Buch spaltete auch die gelehrte Welt in zwei Lager. Die Widerstände gegen Darwin waren sehr groß, und zwar durchaus auch unter Naturforschern. Manche akzeptierten zwar seine Grundgedanken, blieben aber in vielen Punkten skeptisch oder lehnten die Konsequenzen der neuen Lehre ab. Andere wiederum nahmen Darwins Ideen sofort begeistert auf. Beiden, seinen Anhängern und Gegnern, war jedenfalls schnell klar, daß Darwin revolutionäre Ideen präsentiert hatte, die das gesamte traditionelle Denken herausforderten.

Während Darwins alter Lehrer und Förderer Henslow seinem früheren Schüler zwar freundschaftlich verbunden blieb, sich aber mit dessen Ansichten nicht vollständig anfreunden konnte, war Hooker von vornherein auf Darwins Seite. Der Freund war in das «gefährliche» Unternehmen von Anfang an eingeweiht gewesen. Lyell wiederum, der – wie weiter oben bemerkt – gemeinsam mit Hooker Darwin dazu gedrängt hatte, das Buch *Über die Entstehung der Arten* endlich zu veröffentlichen, revidierte seine eigenen Ansichten und bekannte sich zumindest teilweise zu den Ansichten seines alten Freundes. Die Selektionstheorie jedoch lehnte er ab, weil er dadurch die

Abb. 9: Thomas Henry Huxley, Darwins «Bulldogge», sein wichtigster Fürsprecher und Verteidiger. Er war übrigens ein Großvater des bekannten Schriftstellers Aldous Huxley (1894–1963) und des bedeutenden Biologen Julian Huxley (1887–1975), der Darwins Gedanken und die seines Großvaters weitergeführt hat.

Sonderstellung des Menschen gefährdet sah. Genauer gesagt, war er davon überzeugt, daß die Selektion einer anderen, umfassenderen schöpferischen Macht untergeordnet sei. Er könne nicht glauben, meinte er, daß Darwin und Wallace auf diesen «Geist» verzichten wollten. Nun, Wallace war dafür jedenfalls empfänglicher als Darwin.

Ein begeisterter und bedingungsloser Anhänger Darwins wurde jedoch Thomas H. Huxley (Abb. 9), der für die Verbreitung und Verteidigung der Lehre Darwins in England mehr getan hat als irgendein anderer. Hier bleibt nochmals an die zu Beginn dieses Buches erwähnte Sitzung in Oxford zu erinnern. Während dort Darwins alter Kapitän Fitzroy, eine Bibel über dem Kopf schwingend, erregt erklärte, *sie* sei der Quell aller Wahrheit, erdreistete sich Huxley, einen Bischof – in dessen eigener Diözese! – zu beleidigen. Das war damals etwas sehr Seltenes. Huxley sah jahrelang seine wichtigste Aufgabe darin, die Lehre seines Freundes zu verbreiten, öffentlich zu verteidigen und durch eigene wissenschaftliche Arbeiten zu stützen. Im Gegensatz zum öffentlichkeitsscheuen Darwin absolvierte er mit Bravour öffentliche Auftritte und hielt Vorträge vor einem Publikum, das sich aus den unterschiedlichsten Berufsständen rekrutierte.

Ein besonders treuer Anhänger Darwins, sein eigentlicher «Schüler» – sofern ein Mann, der nie irgendein Lehramt bekleidet hat, überhaupt einen Schüler haben kann –, wurde später George J. Romanes (1848–1894). Der Naturforscher, der mit seinen Arbeiten über «mentale Entwicklung» der Tiere zu einem der Vorläufer der modernen Verhaltensforschung wurde, begegnete Darwin erstmals im Sommer 1874. Der Ältere begrüßte ihn mit den Worten: «Ich bin so froh, daß Sie noch so jung sind.» In der Folge entwickelte sich zwischen Darwin und Romanes eine umfassende Korrespondenz und eine tiefe menschliche Beziehung.

Gewürdigt wurde Darwins Werk in England nicht zuletzt auch von Herbert Spencer, einem der wichtigsten Wegbereiter des Evolutionsgedankens, der im übrigen auch die Verwendung des Ausdrucks *Evolution* im modernen Sinn (als Artenwandel) einführte. Allerdings meinte Spencer, daß die natürliche Auslese als Mechanismus der Evolution nicht alles erklären könne und griff daher auf Lamarcks Idee der «Vererbung erworbener Eigenschaften» zurück. Darwins Verhältnis zu Spencer blieb stets zwiespältig. Er schätzte seinen Landsmann, den er auch persönlich kennenlernte, als eifrigen Verfechter des Evolutionsgedankens und bewunderte sein gewichtiges Werk, aber er mochte ihn persönlich nicht sehr. Spencer war ein etwas schwieriger Mensch; die Probleme, die Darwin mit ihm hatte, bestanden jedoch auch darin, daß Spencer ein ideenreicher, weit ausholender Theoretiker war, dem die umsichtige und detaillierte Berücksichtigung von «Fakten» nicht so sehr lag wie Darwin. Andererseits sagte Darwin in der *Entstehung der Arten* voraus, die Psychologie werde «sicher auf der von Herbert Spencer geschaffenen Grundlage weiterbauen: daß jedes geistige Vermögen und jede Fähigkeit nur allmählich und stufenweise erlangt werden kann» (S. 676). Die Fortentwicklung dieser Grundlage wurde, wie wir im nächsten Kapitel sehen werden, auch Darwins eigenes Anliegen. In seinem Buch *Die Abstammung des Menschen* findet Spencer abermals auf mehreren Seiten Erwähnung.

Aus biographischen Gründen nicht unerwähnt bleiben soll hier der Schriftsteller Samuel Butler (1835–1902), der Enkel jenes Dr. Butler, dessen Internatsschule Darwin in Shrewsbury besucht hatte. Butler zählte nach dem Erscheinen des Buches *Über die Entstehung der Arten* zu Darwins Bewunderern und besuchte dessen Autor sogar zweimal im Down House. Später aber fand er an Darwins materialistischer, mechanistischer (Selektions-)Theorie immer weniger Gefallen. Dazu kam ein privater Streit, der eigentlich – für solche Auseinandersetzungen nicht untypisch – mit einem Mißverständnis begann. Die deutsche Zeitschrift *Kosmos* brachte zum siebzigsten Geburtstag Darwins eine Sondernummer. Die englische Ausgabe der Zeitschrift enthielt einen gegenüber ihrer ursprünglichen Version erweiterten Beitrag eines deutschen Autors mit abfälligen Bemerkungen über ein evolutionstheoretisches Buch Butlers. In seinem Vorwort zur englischen Ausgabe der Zeitschrift verabsäumte es Darwin, auf diesen Umstand hinzuweisen, so daß Butler – der die beiden Texte miteinander verglich – den Eindruck gewann, daß er nunmehr mit stillschweigender Billigung Darwins angegriffen worden war. Zwar entschuldigte sich Darwin für sein Versäumnis, aber Butler fühlte sich als Opfer eines Komplotts. So begann ein langer Streit, der Darwin stark belastete. Private und öffentliche Briefe gingen hin und her, und irgendwann war die Situation natürlich «verfahren». Auch in der Wissenschaft spielen persönliche Mißverständnisse eine Rolle.

Auch außerhalb Englands fanden sich bald Fürsprecher und Anhänger. Von einigen wurde Darwin angenehm überrascht. So von dem angesehenen Heidelberger Zoologen Heinrich Georg Bronn (1800–1862), dem er ein Exemplar seines Werkes mit handschriftlicher Widmung geschickt hatte. Wider Erwarten reagierte Bronn sehr positiv und regte eine deutsche Übersetzung des Buches an, die er dann selbst anfertigte und bereits 1860 unter dem Titel *Über die Entstehung der Arten im Thier- und Pflan-*

zen-Reich durch natürliche Züchtung, oder Erhaltung der vollkommensten Rassen im Kampfe um's Daseyn erscheinen ließ. Allerdings war diese Übersetzung sehr willkürlich und unzureichend. Sie wurde bald von der Übersetzung durch den bedeutenden Leipziger Zoologen Julius Victor Carus (1823–1903) abgelöst, die nach wie vor als deutsche Standardübersetzung von Darwins evolutionstheoretischem Hauptwerk gilt. Carus, einer der frühesten Kenner und Anhänger Darwins, hat im weiteren alle wichtigen Bücher Darwins ins Deutsche übertragen und einer immer größer werdenden Lesergemeinde im deutschen Sprachraum zugänglich gemacht.

In Amerika präsentierte sich der Botaniker Asa Gray (1810–1888) bald als transatlantisches Gegenstück zu Huxley. Das war einerseits merkwürdig, da Gray ein tief religiöser Mensch war. Andererseits sah er Wissen und Glauben als getrennte, sich wenig berührende Gebiete. Er konnte Darwins Selektionstheorie durchaus akzeptieren, da er der Meinung war, daß die genetischen Varianten, an denen die natürliche Auslese «angreift», nicht zufällig entstehen, sondern von Gott geplant sind. Seine Verteidigung Darwins war aber sicher auch eine Reaktion auf die fundamentalistische Position des aus der Schweiz stammenden amerikanischen Zoologen, Paläontologen und Geologen Louis Agassiz (1807–1873), der die *Entstehung der Arten* als «ungeheuerlich» bezeichnete und strikt ablehnte. Agassiz' Beiträge zum Studium ausgestorbener Lebewesen sind genauso bemerkenswert wie seine Erfolge als akademischer Lehrer und Forschungspolitiker. Im Jahr 1859 – eine interessante historische Koinzidenz – gründete er an der Harvard University ein Museum, aus dem sich das heute weltberühmte Museum of Comparative Zoology entwickelt hat. Seinem Kenntnisreichtum in der Naturgeschichte zum Trotz konnte oder wollte er sich partout nicht vorstellen, daß Arten aus anderen Arten entstehen und sich auseinander entwickeln. Seiner Meinung nach war jede Pflanzen- und Tierart ein Gedanke des Schöpfers, und er nahm an, daß fünfzig- bis achtzigmal alle jeweiligen Lebewesen auf der Erde vernichtet und ebenso oft neue Arten von Gott geschaffen worden waren. Damit stand Agassiz in der Tradition der Verfechter einer *Katastrophentheorie*, wie sie vor allem von dem französischen Zoologen und Paläontologen Georges Cuvier (1769–1832), einem entschiedenen Gegner Lamarcks, konzipiert worden war. Hier zeigt sich auch deutlich, wie wirkungsvoll der Schöpfungsglaube im 19. Jahrhundert tatsächlich noch war. Auch konservative politische Überzeugungen spielten dabei ihre Rolle. (Daß in konservativen politischen Kreisen die Evolutionstheorie noch heute mit Argwohn betrachtet oder abgelehnt wird, hat also tiefe historische Wurzeln.)

Gray nun blieb, ähnlich wie Wallace und viele andere, zumindest von der (geistigen) Sonderstellung des Menschen überzeugt, was ihn dann wiederum von Huxley deutlich unterscheidet. Einige andere Naturforscher waren da weit konsequenter und radikaler. Unter ihnen ragt der deutsche Zoologe Ernst Haeckel (1834–1919) besonders hervor. Er war ein temperamentvoller Geist, der den «Darwinismus» mit einer derartigen Vehemenz verteidigte, daß Darwin selbst ihn einmal in einem Brief zu mehr Umsicht gemahnte. Neben Huxley war Haeckel im 19. Jahrhundert der bedeutendste «Popularisierer» der Lehre Darwins und der Evolutionstheorie überhaupt. Bereits in einer Rede anläßlich der 38. Versammlung deutscher Naturforscher und Ärzte am 19. September 1863 zog er Konsequenzen, die über das im Buch *Über die Entstehung der Arten* Gesagte weit hinausgingen. Die Vorfahren des Menschen, betonte er, seien affenähnliche Säugetiere gewesen, und im weiteren sei unsere Gattung auf Beuteltiere, eidechsenartige Reptilien und schließlich auf primitive Fische zurückzuführen. Solche weitreichenden Konsequenzen seiner Lehre hatte Darwin selbst zunächst auch nicht andeutungsweise angesprochen, aber bald entzündete sich der Streit um sein Werk an der «Affenfrage». Viele seiner Zeitgenossen hatten begriffen, wohin die Theorie der Evolution durch natürliche Auslese letztlich führen müsse. So sind die vielen Aufregungen damals in der Tagespresse und beim «gebildeten Publikum» zu verstehen.

Im übrigen kam es im Herbst 1866 im Down House zu einer persönlichen Begegnung zwischen Darwin und Haeckel. Sie hatten einander viel zu sagen, gewiß, aber ihr Gespräch verlief einigermaßen holprig und entbehrte wohl nicht der komischen Note. Haeckels Englisch war nämlich genauso miserabel wie Darwins Deutsch. Mit der ihm eigenen Ausdauer mühte sich Darwin ab, die Sprache zu verstehen, in der damals viele, wenn nicht die meisten der für ihn relevanten wissenschaftlichen Arbeiten veröffentlicht wurden. Und mit dem Lesen ging es letztlich auch ganz gut, aber Darwin hatte nie die Absicht, Deutsch sprechen zu lernen, wobei ihm auch seine mangelnde Sprachbegabung hinderlich gewesen wäre. So muß man sich also die Unterredung zwischen ihm und Haeckel als das Gespräch zweier Enthusiasten vorstellen, die zwar genau wußten, was sie einander zu sagen haben, in ihrem Eifer aber durch die Heimtücken der jeweils anderen Sprache gebremst wurden. Auch wird manches (sprachliche) Mißverständnis aufgetreten sein. Dessen ungeachtet erinnerte sich Haeckel an seine Begegnung mit Darwin in überschwenglichen Worten. Er habe geglaubt, einem «hehren Weltweisen», einem «Sokrates», begegnet zu sein. Darwin sah die ganze Angelegenheit etwas nüchterner. Aber er blieb mit Haeckel in freundschaftlichem Briefwechsel. *My Dear Haeckel*, schrieb er ihm etwa im November 1868 als *sincere friend*. Haeckel war zweifelsohne ein unentbehrlicher Fürsprecher auf dem europäischen Kontinent. Und wenn es um die Verbreitung und Durchsetzung seiner Auffassungen ging, hat selbst Darwin seine Zurückhaltung ab und an überwunden.

Und das war durchaus angezeigt. Denn nicht zuletzt wegen der «Affenfrage» meldeten sich auch zahlreiche Gegner unter seinen Fachgenossen zu Wort. Manche von ihnen ließen es an Gehässigkeit nicht fehlen. So verfaßte kein geringerer als der Geologe Sedgwick am 24. März 1860 eine vernichtende Kritik des Buches *Über die Entstehung der Arten*. Die Kritik erschien anonym, ihr Verfasser war aber unschwer auszumachen. Darwins Materialismus, so Sedgwick, stelle das Gegenteil von Wahrheit dar, widerspreche «dem offensichtlichen Lauf der Natur» und sei «im höchsten Maße unheilstiftend.» Auch andere Naturforscher, die Darwin ursprünglich nahe gestanden waren, ließen es an Kritik nicht fehlen. Ein heftiger Angriff kam im April 1860

Abb. 10: Charles Darwin im Alter von 56 Jahren,
Holzstich nach einer Photographie um 1865

ausgerechnet aus der Feder von Richard Owen, bezeichnenderweise wieder anonym. Owen lehnte den Evolutionsgedanken allerdings keineswegs grundsätzlich ab; sein Ärger über die Selektionstheorie könnte daher rühren, daß er behauptete, noch vor Darwin diese Theorie formuliert zu haben. Darwin waren Owens entsprechende Schriften durchaus bekannt, und er hatte sie als widersprüchlich und verschwommen wahrgenommen. Nun aber war er beunruhigt und befürchtete sogar, Owens «skandalöse» Rezension könne «großen Schaden anrichten». Im übrigen blieb Owen, unbeschadet seiner bedeutenden Leistungen in der Anatomie und Paläontologie, noch zu sehr im idealistischen, statischen Denken verhaftet.

Heftige Debatten entzündeten sich in der Folge unter anderem auch in Deutschland, wo sich vor allem Rudolf Virchow (1821–1902) gegen seinen Schüler Ernst Haeckel ereiferte. Der bedeutende Mediziner und Sozialpolitiker hatte zwar nichts gegen Evolution und die Lehre Darwins als solche, wandte sich aber vehement gegen den Darwinismus als Weltanschauung und vor allem gegen Haeckels Versuch, eine «einheitliche Lebensanschauung» auf die Evolutionstheorie zu gründen.

Darwin selbst, dem, wie gesagt, der Feuereifer Haeckels nicht ganz genehm war, wußte, daß die Diskussion über die Konsequenzen seiner Arbeit, vor allem über die Herkunft des Menschen, nicht nur nicht mehr aufzuhalten war, sondern daß er auch endlich Farbe bekennen sollte. Seine Notizbücher waren ja voll mit Gedanken über die Menschenrassen, über die Instinkte des Menschen und so fort. Aber es schien ihm ratsam, alle diese Gedanken fürs erste gewissermaßen zurückzuhalten. Er mochte gedacht haben, daß durch die Übertragung von Malthus' Bevölkerungsgesetz auf die gesamte Natur ohnedies schon alles Wesentliche gesagt sei: «Die Kontinuität zwischen Mensch und Tier war evident; es brachte keinen Vorteil in der Debatte, sie weiter zu betonen» (Howard, *Darwin*, S. 105). Das war freilich ein Irrtum. Denn nicht zuletzt ging es ja darum, auch die «höheren Fähigkeiten» des Menschen, seine geistigen und moralischen Eigenschaften, evolutionstheoretisch zu begründen. Daß das eine besondere Herausforderung war, sollte keiner besonderen Erwähnung bedürfen. Daß Darwin sich ihr schließlich gestellt hat, ist schon eher bemerkenswert, zumal ihm klar sein mußte, daß damit weitere Aufregungen und Gehässigkeiten gegen ihn programmiert waren. Sein stilles und friedliches Landgut bot ihm aber eine recht wirksame «Pufferzone»:

> «In der Welt draußen wurde anscheinend an den Fundamenten der Gesellschaft gerüttelt, aber dort im Down House schien ein langer Sommernachmittag endlos zu verweilen, und keine wissenschaftlichen Schmähungen oder Kriege oder Kriegsgerüchte störten ihn» (Ronald W. Clark, *Charles Darwin*, S. 94).

Darwin entzog sich eben gern jeder öffentlichen Aufregung. Wir sollten ihm das nicht negativ ankreiden. Im heutigen akademischen Lehr- und Forschungsbetrieb wäre er vollends unvorstellbar. Aber auch das spricht nicht gegen ihn …

Abb. 11: Karikatur aus *The London Sketch Book*, 1874

Darwins spätere Werke

Nach dem Buch *Über die Entstehung der Arten* ließ Darwin – allerdings erst mit einem Abstand von zwölf Jahren – sein zweites evolutionstheoretisches Hauptwerk folgen, *The Descent of Man, and Selection in Relation to Sex* (*Die Abstammung des Menschen und die geschlechtliche Zuchtwahl*). Er hatte also wieder lange gezögert. «Viele Jahre», bemerkt er in der Einleitung, habe er Notizen über «die Abstammung des Menschen» gesammelt, ohne aber etwas darüber veröffentlichen zu wollen. Jedoch hatte er – für ihn auch nicht untypisch – inzwischen (1868) ein umfangreiches zweibändiges Werk publiziert, in dem er sich um eine allgemeine Theorie des Lebens bemühte. Der Titel des Werkes lautet *The Variation of Animals and Plants under Domestication* (*Das Variieren der Tiere und Pflanzen im Zustande der Domestikation*).

In gewissem Sinne die Fortsetzung des Buches *Über die Entstehung der Arten*, war dieses Werk – wenngleich mit 1500 Exemplaren als Erstauflage ebenfalls sofort vergriffen – allerdings ein eher mißglückter Versuch, genetische Vorgänge mechanistisch zu deuten, und Darwin selbst meinte bald, es sei «ein totgeborenes Kind». Hooker empfahl er, nur Teile des Buches zu lesen. Allerdings muß man ihm zugute halten, daß er sich auf ein seinerzeit noch weitgehend unerschlossenes Gebiet, die Genetik oder Vererbungslehre, vorgewagt hatte. Seiner Auffassung, der *Pangenesis-Hypothese,* zufolge trägt jedes Lebewesen eine große Zahl von kleinsten Keimen in sich, von denen jeder die Fähigkeit besitzt, das ganze Lebewesen zu reproduzieren. Verschiedene der von Darwin in diesem Zusammenhang geäußerten Vermutungen erinnern im übrigen sehr an die Theorie Lamarcks, von der er sonst bekanntlich nicht allzu viel wissen wollte. Aus diesem Grund haben Darwins Anhänger und Verehrer auch späterhin dieses Werk übergangen oder verschwiegen. Zugleich aber bezeugt es enorme Kenntnisse auf dem Gebiet domestizierter Tiere und Pflanzen. Darwin war nicht nur ein Hundefreund (im Laufe vieler Jahre besaß er zahlreiche Hunde) und Pferdeliebhaber, sondern auch ein begeisterter Taubenzüchter – den Rassen der Haustaube widmete er auch in seinem Buch *Über die Entstehung der Arten* mehrere Seiten – und schenkte überhaupt allen Haustieren und Kulturpflanzen große Aufmerksamkeit. Vielen Naturforschern gefiel das Werk *Das Variieren der Tiere und Pflanzen* nicht zuletzt deshalb, weil es angereichert ist mit kompetenten Beschreibungen von Schweinerassen, Rindern, Schafen und Ziegen, von exotischen Tauben, Kaninchen und Ziersträuchern. Vor allem der erste Band liefert in der Tat ein umfassendes Kompendium der Haustiere und Kulturpflanzen. Lyell war sehr angetan und kam Darwins Auffassungen wieder einen Schritt näher.

Interessanter und wichtiger, vor allem im Hinblick auf seine Bedeutung für die Gegenwart, ist aber das Buch *Die Abstammung des Menschen*. Zu diesem Thema hatte zwar Thomas H. Huxley in seinem Buch *Evidence as to Man's Place in Nature* (*Zeugnisse für die Stellung des Menschen in der Natur*) 1863 bereits Entscheidendes dargetan und den Menschen ins Evolutionsgeschehen eingebettet. Und im selben Jahr hatte sich, wie gesagt, auch Ernst Haeckel mit der gleichen Meinung zu Wort gemeldet. Man tut beiden Naturforschern allerdings nicht unrecht, wenn man sagt, daß Darwins Werk schließlich um einiges gründlicher ausgefallen ist. In gewohnter Manier breitet er darin zunächst eine Fülle empirischen Materials aus, um die «niedere Abkunft» des Menschen zu belegen und beinahe prophetisch zu bemerken:

> «Die Zeit wird bald kommen, in der es verwunderlich erscheinen wird, daß Naturforscher, die mit der vergleichenden Anatomie und mit der [embryonalen] Entwickelung des Menschen und anderer Säugetiere vertraut sind, haben glauben können, daß jedes derselben das Produkt eines besonderen Schöpfungsaktes sei» (*Die Abstammung des Menschen*, S. 28).

Besonders aber ragen die umfangreichen Kapitel «Die geistigen Fähigkeiten des Menschen und der Tiere» sowie «Über die Entwickelung der intellektuellen und moralischen Fähigkeiten während der vorgeschichtlichen und zivilisierten Zeiten» hervor. Damit schließt Darwin die Lücke zwischen der Evolution der Tiere und der Evolution des Menschen mit seinen «höheren geistigen Eigenschaften» und macht unmißverständlich klar, daß auch diese bloß ein Ergebnis der Evolution durch natürliche Auslese sind. Nicht nur hinsichtlich seiner anatomischen und physiologischen Merkmale, sondern auch im Hinblick auf alle seine sonstigen Eigenschaften – die gerne zur Begründung seiner «Sondernatur» herangezogen wurden (und werden!) – ist *Homo sapiens* somit in die Evolution vollends eingebettet. Damit erweist sich Darwin als bahnbrechender Vordenker moderner Disziplinen wie der *evolutionären Erkenntnistheorie* und *Evolutionspsychologie*, die das menschliche Erkennen und Denken, Fühlen und Wollen erfolgreich als Resultate der Evolution beschreiben und erklären.

Nur ein Jahr später (1872), für seine Verhältnisse geradezu verdächtig schnell, ließ Darwin ein weiteres Werk folgen. *The Expression of the Emotions in Man and Animals* (*Der Ausdruck der Gemütsbewegungen bei dem Menschen und den Tieren*) ist ein heute zu wenig beachtetes Buch, das Darwin allerdings als einen der bedeutendsten Vorläufer der modernen Verhaltensforschung ausweist. Seine Hauptaussage läßt sich so zusammenfassen: Seelische und geistige Fähigkeiten entwickeln sich kontinuierlich; die sehr vielfältigen Ausdrücke der Gemütserregungen (Furcht, Entsetzen, Haß, Zorn, Zuneigung usw.) sind beim Menschen und bei den Tieren im wesentlichen auf die gleichen Ursachen zurückzuführen und haben sich in der Evolution durch natürliche Auslese entwickelt. Zur Veranschaulichung seiner Aussagen zog Darwin in diesem Buch verschiedene – buchstäblich: ausdrucksstarke – Illustrationen heran (Abb. 12) und bediente sich erstmals photographischer Abbildungen. Das Werk macht noch heute einen sehr modernen Eindruck. Damit hatte Darwin die Lücke zwischen dem Menschen und anderen Tieren endgültig geschlossen. Zwar hat er die Be-

Abb. 12: Katze, vor einem Hund erschreckend. Aus Darwins Buch *Der Ausdruck der Gemütsbewegungen*

sonderheiten des *Homo sapiens* nie geleugnet – er sprach sogar vom «gottähnlichen Verstand» des Menschen –, aber er hegte keine Zweifel daran, daß seine eigenen Beobachtungen und die einiger anderer Naturforscher seiner Zeit zwingend zu dem Schluß führen, daß der Mensch das Resultat einer *natürlichen* Entwicklung sei und selbst diejenigen seiner Fähigkeiten, die ihn von anderen Lebewesen unterscheiden, nach den gleichen Prinzipien entstanden seien wie die Eigenschaften aller übrigen Organismenarten auch.

Darwin betonte, daß auch das Studium des Ausdrucks «die Folgerung bestätigt, daß der Mensch von irgend einer niedern thierischen Form herstammt» (*Der Ausdruck der Gemütsbewegungen*, S. 375) und gab dem Werk seinen wegweisenden, sozusagen praktischen Charakter, wenn er an gleicher Stelle betonte:

> «So weit als es möglich ist die Quelle und den Ursprung der verschiedenen Ausdrucksweisen, welche stündlich auf den Gesichtern der Menschen um uns herum zu sehen sind (unsere domesticirten Thiere dabei gar nicht zu erwähnen), verstehen zu lernen, sollte ein großes Interesse für uns besitzen.»

Darwin war es also letztlich auch an Menschenkenntnis im Alltag gelegen, und so mancher heutige «Kommunikationstrainer» könnte wohl einiges von ihm lernen.

Nach *Der Ausdruck der Gemütsbewegungen* hat Darwin nur noch «harmlose» Bücher veröffentlicht. Er wollte sich «nie mehr mit theoretischen Fragen beschäftigen» und nahm alte botanische Arbeiten wieder auf. Die Ergebnisse seiner Studien im letzten Lebensjahrzehnt sind nichtsdestotrotz beachtlich. Darunter findet sich beispielsweise ein Buch über insektenfressende Pflanzen und ein anderes über das Bewegungsvermögen der Pflanzen. Darwin hatte sich schon in seiner Kindheit für Pflanzen interessiert, und sein Interesse an der Botanik war nie erloschen. Freilich fügen sich auch seine botanischen Arbeiten letztlich in sein umfassendes Theoriengebäude ein. Als er Ende der 1830er Jahre bemerkt hatte, daß Fortpflanzungsfragen eine wichtige Rolle für den Artenwandel spielen, lenkte er seine Aufmerksamkeit auf die Befruchtung von Blüten durch Insekten. Dabei folgen seine späten botanischen Studien durchaus der Richtung, die er mit seinem Werk *Über die Entstehung der Arten* vorgezeichnet hatte. Aber sie sorgten – man möchte sagen: naturgemäß – nicht für die Aufregung, die seine evolutionstheoretischen Bücher bewirkt hatten und von der er auch in seinen letzten Lebensjahren nicht verschont blieb.

Das letzte Buch, das Darwin veröffentlichte, ist wiederum einem anderen Thema gewidmet: den Regewürmern und ihrem Einfluß auf die Bildung der Ackererde. Das Thema war für ihn allerdings nicht neu, bereits 1837 hatte er einen Aufsatz darüber geschrieben. Nun kehrte er wieder zu den Würmern unter der Erde zurück. Das Ergebnis fand ein respektables Echo: *The Formation of Vegetable Mould, through the Action of Worms, with Observations on their Habits* (*Die Bildung der Ackererde durch die Tätigkeit der Würmer mit Beobachtungen über deren Lebensweise*), 1881 erschienen, fand reißenden Absatz und bescherte Darwin eine Flut von Briefen – über Würmer haben viele Leute etwas zu sagen. Er selbst hatte diese Arbeit als «Büchlein von geringerer Bedeutung» bezeichnet und war sicher, daß sie sein letztes Buch sein werde. Damit behielt er recht, aber nicht in der Einschätzung der Bedeutung des Buches, das auch heute nichts von seiner Aktualität eingebüßt hat. Mag sein, daß ihm inzwischen die Kraft fehlte, das eigene Werk seiner wahren Bedeutung gemäß einzuschätzen, und eine weitere größere Untersuchung in Angriff zu nehmen wagte er ohnedies nicht mehr. So rundete er sein Lebenswerk mit Erde und Würmern ab, allerdings nicht ohne eine Bemerkung, die, wie sein ganzes Werk, zu tiefschürfenden Überlegungen Anlaß gibt:

> «Der Pflug ist eine der allerältesten und wertvollsten Erfindungen des Menschen; aber schon lange, eher er existierte, wurde das Land durch Regenwürmer regelmäßig gepflügt und wird fortdauernd noch immer gepflügt. Man kann wohl bezweifeln, ob es noch viele Tiere gibt, welche eine so bedeutende Rolle in der Geschichte der Erde gespielt haben wie diese niedrig organisierten Geschöpfe» (zit. in Gerhard Heberer, *Charles Darwin*, S. 67).

Es würde zu weit führen, hier auch die Bedeutung Darwins für die heute sehr aktuell gewordene Diskussion über den «Wert» jeder einzelnen Art im Naturganzen und den «Wert» der Arten und ihrer Vielfalt für das Überleben unserer eigenen Spezies näher zu diskutieren. Im letzten Kapitel dieses Buches wird aber noch kurz darauf zurückzukommen sein.

Zunächst soll jedoch noch einiges über Darwins menschliche Eigenschaften, seine häufigen Erkrankungen und seine letzten Lebensjahre gesagt werden.

Der Einsiedler von Down

Darwins Leiden

Darwins Gesundheitszustand war die meiste Zeit seines Lebens labil. Bereits in jüngeren Jahren klagte er häufig über Unwohlsein. Insbesondere nach Abendgesellschaften fühlte er sich matt und arbeitsunfähig (S. 38). Wollte er damit bloß gesellschaftlichen Verpflichtungen entgehen? Täuschte er Erkrankungen nur vor? War er einfach bestrebt, seine Ruhe zu haben? Tatsache ist, daß er im Down House (S. 40) das monotone Leben eines häufig kränkelnden und scheinbar früh gealterten Mannes führte. Hatte er in früheren Jahren allerdings noch mehr oder weniger lebhaften, persönlichen Kontakt zu Fachgelehrten, lebte er mit zunehmendem Alter fast das Leben eines Einsiedlers. Die nächste Umgebung seines Hauses verließ er immer seltener (Abb. 13).

Sein Tagesablauf war streng geregelt. Es entbehrt nicht einer gewissen Paradoxie: Er, der jeden Plan aus der Natur verbannt hatte und sich der Rolle des Zufalls in der Evolution bewußt war, lebte nach einem mehr oder weniger festen Stundenplan (noch in jungen Jahren hatte er selbst das Finden einer Lebenspartnerin nicht dem Zufall überlassen). Darwin stand früh auf und setzte sich nach dem Frühstück von 8 bis 9.30 Uhr an seinen Schreibtisch. Das war seine intensivste Arbeitszeit. Weitere Arbeitsphasen des Tages wurden unterbrochen von kleinen Spaziergängen (meist in Begleitung eines Hundes) und Zeitungslektüre; manchmal wurde ihm ein Roman vorgelesen. Nach dem Abendessen hörte er Musik oder zerstreute sich bei zwei Partien Brettspiel mit seiner Frau. Um 22.00 Uhr war Nachtruhe. Stets war Darwin darauf bedacht, seinen Lebensrhythmus streng einzuhalten, und man möchte denken, daß seine pedantische Lebensführung ein griesgrämiges Verhalten und einen egoistischen Charakter förderte – oder zur Voraussetzung hatte. Dies war allerdings keineswegs der Fall. So wie er bereits auf seiner Welt-

Abb. 13: Altersbildnis von Charles Darwin,
Porträtaufnahme um 1870

reise am Schicksal der Völker Anteil genommen und die Sklaverei strikt abgelehnt hatte, war er selbst im vorgerückten Alter stets tolerant und umsichtig im privaten Verkehr mit anderen Menschen. Seine (dritte) Tochter Henrietta erinnerte sich, daß er seinen Kindern stets das Gefühl gegeben habe, freie und wertvolle Menschen zu sein, deren Meinungen und Gedanken für ihn immer von größtem Interesse waren. Er behandelte seine Kinder nicht wie ein Schulmeister, ermunterte sie aber zu allerlei Spielen im Freien und schrieb ihnen zahlreiche Briefe mit Ratschlägen. In der Erinnerung seines Sohnes Francis hat Darwin in seinem ganzen Leben nie ein böses Wort zu irgendeinem seiner Kinder gesagt, die ihm umgekehrt Respekt zollten und es nie gewagt hätten, ihm nicht zu gehorchen. Die religiöse Erziehung der Kinder überließ er übrigens seiner Frau. Vielleicht wollte er sich dabei auf keinen Disput mit einem ihm lieben Menschen einlassen. Wahrscheinlich war das aber auch eine Frage der Toleranz, an der es ihm jedenfalls nicht mangelte. Schließlich wird er auch nicht daran interessiert gewesen sein, sich wegen dieser Frage in seiner Arbeit sonderlich stören zu lassen.

Seine Sparsamkeit wirft auch einiges Licht auf den Menschen Charles Darwin, der sich selbst einen ausgesprochenen Sinn für Geschäftliches attestierte. Dabei mutet es nahezu komisch an, daß er, der nie einen Beruf im herkömmlichen Sinn ausübte, über viele Jahre hinweg Schatzmeister örtlicher Vereine (zum Beispiel eines Kohlenclubs) war. Oder daß die Kirchengemeinde von Downe ihn, den Ungläubigen, in geschäftlichen Fragen wiederholt zu Rate und ins Vertrauen zog. (Ja, er wäre gewiß ein sehr guter Landpfarrer geworden.) Sparsam war Darwin auch in Bezug auf die Zeit. Minuten zu sparen, pflegte er zu sagen, sei die beste Art, eine Arbeit zu vollenden. Seine labile Gesundheit veranlaßte ihn dazu, keine Zeit mit Nebensächlichkeiten zu vergeuden und die Zeit, die ihm zu arbeiten erlaubte, möglichst wirkungsvoll zu nutzen.

Was aber machte Darwin krank? Wie sind seine häufigen Unpäßlichkeiten zu erklären?

Über Darwins Krankheit ist viel nachgedacht, spekuliert und geschrieben worden. Die Ärzte, die ihn behandelten, konnten nie so recht herausfinden, was ihm eigentlich fehlte, so daß man geneigt sein mag, ihn einfach als Hypochonder zu bezeichnen. Dazu würde passen, daß er immer – und mit zunehmendem Alter verstärkt – auf seine Gesundheit und sein Befinden achtete. Hypochondrisch veranlagte Menschen pflegen ihrer Umwelt zu signalisieren, daß es ihnen schlecht geht und sie daher diese oder jene Verpflichtung nicht eingehen können. Sie täuschen – unbewußt (?) – Unpäßlichkeit vor, um einerseits Aufmerksamkeit zu erregen, andererseits aber auch in Ruhe gelassen zu werden. Mag sein, daß Darwins Krankheit hypochondrische Züge hatte, aber meines Erachtens wäre es zu einseitig und zu billig, ihn einfach als Hypochonder abzutun. Es sei dahingestellt, ob ein hypochondrischer Mensch ein – auch hinsichtlich seines Umfangs – so großes Werk schaffen könnte wie es Darwin zustande brachte. Interessanter und glaubwürdiger ist daher die von mehreren Medizinern vertretene Auffassung, Darwins Krankheit sei dem Bereich psychosomatischer Leiden zuzuordnen. Das würde Hypochondrie nicht ausschließen, aber wiederholt wurde betont, Darwin habe ein Leben lang unter dem frühen Tod seiner Mutter und seinem autoritären Vater gelitten. Unmittelbar vor Antritt seiner Weltreise mit der «Beagle» hatte er starkes Herzklopfen und verspürte Schmerzen in der Herzgegend. Er konsultierte damals allerdings keinen Arzt, weil er vielleicht fürchtete, daß er für die Reise untauglich sei, sie aber andererseits auf keinen Fall versäumen wollte. Eine gewisse Aufregung vor einem solchen Abenteuer wäre freilich durchaus «normal». Vielleicht waren Darwins Schmerzen auch die organische Manifestation eines seelischen Konflikts, der dadurch verursacht wurde, daß er gegen den Willen seines Vaters zu handeln glaubte. Warum ähnliche Schmerzen aber im Laufe seines weiteren Lebens immer wiederkehrten, erscheint daraus nicht schlüssig erklärbar – es sei denn, man nimmt an, daß ein einmaliges (erfolgreiches!) Aufbäumen gegen die Autorität des Vaters lebenslänglich negative Folgen hat. Es wurde auch darauf hingewiesen, daß sich in Darwins Familie sowohl väterlicher-, als auch mütterlicherseits schwierige und exzentrische Personen mit labilen Nervensystemen häuften, so daß Darwin aus genetischen Gründen für seine Leiden prädestiniert war. Ebenso wurde eine rein organische Ursache für seine häufigen Erkrankungen vermutet. Als er im März 1835 in einem argentinischen Dorf übernachtete, wurde er von Raubwanzen belästigt und könnte sich mit der sogenannten Chagas-Krankheit infiziert haben, die das Herz angreift und tödlich verlaufen kann.

Wahrscheinlich wird man Darwins Krankheit nur gerecht, wenn man das Zusammenwirken mehrerer Faktoren in Betracht zieht, genetische Komponenten ebenso berücksichtigt wie sein problematisches Verhältnis zu seinem Vater und seinen frühen Verlust der Mutter. Sein auf diese Weise bewirkter, etwas labiler (psychischer) Gesamtzustand könnte später noch verstärkt worden sein durch das Wissen, daß er mit seiner Evolutionstheorie ihm liebe Menschen, vor allem seine Frau, schmerzhaft treffen würde. Das ist sogar sehr wahrscheinlich. Die Gefühle seiner sehr gläubigen Frau waren Darwin auch in dieser Hinsicht alles andere als gleichgültig. Was immer er auch war, Darwin war gewiß nicht streitsüchtig, und es lag nie in seinem Bestreben, jemanden sozusagen vor den Kopf zu stoßen. Viele Jahre hatte er mit seiner Theorie der Evolution durch natürliche Auslese gerungen, immer in dem Bewußtsein, daß er damit Schlimmes anrichten würde. Darwin selbst sagte einmal, es sei, als müsse er einen Mord gestehen. Man bedenke auch hier, daß er sich an dem Wirbel, den er schließlich mit seinem Buch *Über die Entstehung der Arten* ausgelöst hatte, nicht beteiligte, jeder Kontroverse aus dem Weg ging und sich stets – meist erfolgreich – zurückzog. Aber wie er sich bei all dem fühlte, ist eine andere Frage. Sein Vater kann in dieser Zeit keine direkte Rolle mehr gespielt haben. Als das evolutionstheoretische Hauptwerk seines Sohnes erschien, war er seit elf Jahren tot.

Vielleicht wird sich etwas Definitives über Darwins Krankheit und ihre Ursachen auch in Zukunft nicht sagen lassen. (Man mag auch darüber streiten, ob das wirklich so wichtig wäre.) Um so beeindruckender ist aber das Werk, das Darwin, seiner Krankheit zum Trotz, hinterlassen hat. Darunter befinden sich 19 Bücher, manche von ihnen – wie beispielsweise *Das Variieren von Tieren und Pflanzen* – von gewaltigem Umfang (die deutsche Übersetzung umfaßt insgesamt 1015 Seiten). Ein knappes Dutzend weiterer Bücher enthalten Beiträge von Darwin. Dazu kommen etwa hundert Beiträge in Zeitschriften. Das ist allein insoweit erstaunlich, als Darwin oft nur wenige Stunden am Tag arbeiten konnte und seine Arbeit häufig durch Kuraufenthalte und länger anhaltende Unpäßlichkeiten für Tage unterbrechen mußte. Andererseits war es offenbar gerade seine Arbeit, die ihn bei Kräften hielt.

Alter und Tod

Seine Bücher seien, so bemerkte Darwin ein Jahr vor seinem Tod, Meilensteine seines Lebens gewesen. Für uns sind sie mehr als das, sie sind Meilensteine der Wissenschaft und ihrer Geschichte. Wir dürfen vermuten, daß dieser Umstand Darwin – mag er auch noch so bescheiden gewesen sein – durchaus bewußt war. Er konnte auf ein gewichtiges naturhistorisches Werk zurückblicken, und äußere Zeichen für seinen Erfolg waren unzählige Ehrungen, Mitgliedschaften in wissenschaftlichen Gesellschaften und Ehrendoktorate verschiedener Universitäten.

Den Einsiedler von Down verließen schließlich seine Kräfte. Bereits im Januar 1879 bemerkte er, daß ihn seine wissenschaftliche Arbeit mehr als sonst ermüde. Zweieinhalb Jahre später schrieb er an Wallace, er könne nicht mehr spazieren gehen und wisse nicht so recht, was er mit den restlichen Jahren seines Lebens anfangen solle. Allerdings währte sein Leben danach nur noch knapp ein Jahr. Im Dezember 1881 erlitt er einen Schwächeanfall. Er war nach London gefahren, um seine Tochter zu besuchen, und brach auf offener Straße zusammen. Davon erholte er sich nicht mehr. Zu den immer häufigeren Schwächeanfällen gesellten sich Angstzustände. Die Ärzte konnten ihm nicht mehr helfen. In der Nacht vom 18. auf den 19. April 1882 verlor Darwin das Bewußtsein. Er kam noch einmal zu sich und sagte, daß er keine Angst habe zu sterben. Am 19. April gegen vier Uhr nachmittags schloß er für immer die Augen. Seine Frau und sein Sohn Francis haben ihn in seiner Krankheit und seinem Sterben begleitet.

Der Wunsch der Familie, vor allem Emma Darwins, war es, ihn in Down zu bestatten. Eine Beisetzung in diesem Dorf, ohne großen Pomp, hätte seiner Lebensweise entsprochen. Vom offiziellen England war Darwin aus religiösen Gründen praktisch ignoriert worden. Staatliche Auszeichnungen und Adelsprädikate waren ihm genauso versagt geblieben wie Einladungen bei Hofe. Freilich hatte er auf solche, bei prominenten Gelehrten durchaus übliche Anerkennungen wohl auch gern verzichtet. (Einladungen bei Hofe hätten ihn wahrscheinlich sehr ermüdet und ihm jedenfalls wertvolle Arbeitszeit gestohlen.) Nach seinem Ableben richteten jedoch zwanzig Mitglieder des englischen Parlaments an den Dekan der Westminster Abbey ein Gesuch, den großen Gelehrten in dieser zentralen Ruhestätte beizusetzen. Damit kam Darwin die höchste Ehre zu, die einem verstorbenen Engländer zuteil werden kann. Es ist geradezu von symbolischer Bedeutung, daß auch Isaac Newton, der das Weltbild der Physik revolutioniert hatte, in der Westminster Abbey seine letzte Ruhestätte fand. Darwin wurde am 26. April 1882 beigesetzt. Zehn auserwählte Männer, darunter Thomas Henry Huxley und Alfred Russel Wallace, hielten das über den Sarg gespannte Leichentuch. Der feierlichen Zeremonie wohnten zahlreiche repräsentative Vertreter von Universitäten und wissenschaftlichen Gesellschaften aus dem In- und Ausland bei. In der Westminster Abbey trägt eine einfache Steinplatte die schlichte Inschrift:

Charles Robert Darwin
Born 12 February 1809
Died 19 April 1882

Wenn man von der Weltreise mit der «Beagle» absieht, war Darwins Leben ziemlich undramatisch verlaufen – nicht eben ungewöhnlich für einen Gentleman im England des 19. Jahrhunderts. Auf der Grundlage des Vermögens seines Vaters und seines Schwiegervaters und später auch durch die Einkünfte aus dem sehr guten Verkauf seiner Bücher hatte er es zu erheblichem Wohlstand gebracht, ja, man kann sagen, daß er gegen Ende seines Lebens sehr reich gewesen war, was sich nicht zuletzt auch dem Umstand verdankte, daß er in Vermögens- und Geldangelegenheiten stets sehr geschickt gehandelt hatte. Seine Ausgaben waren meist wesentlich geringer gewesen als seine Einnahmen, und für die meisten seiner praktischen Überlegungen im Alltag hatte Geld keine Rolle gespielt. Ungeachtet seiner häufigen Unpäßlichkeiten und Erkrankungen kann man auch sagen, daß Darwin ein insgesamt recht zufriedenes Leben geführt hatte. Nicht zuletzt war es ihm gegönnt gewesen, einen gewaltigen Beitrag zu den größten Problemen des menschlichen Geistes zu leisten. Es ist nicht übertrieben zu sagen: «Mehr als jeder andere neuzeitliche Denker ... hat dieser liebenswürdige europäische Naturwissenschaftler aus dem Landadel von Shropshire das Bild verwandelt, das wir von uns selbst als Bewohner dieses Planeten haben» (Adrian Desmond und James Moore, *Darwin*, S. 14).

In der Naturwissenschaft blieb Darwin ohnehin unsterblich. Auch abgesehen von seinen bahnbrechenden evolutionstheoretischen Überlegungen lebt er fort, wobei man sich nur zu vergegenwärtigen braucht, daß an die 100 Tier- und Pflanzenarten nach ihm benannt wurden. Hinzu kommen geographische Namen, die an ihn erinnern, wie zum Beispiel die australische Hafenstadt Darwin und Mount Darwin (so getauft von Kapitän Fitzroy), ein hohes Gebirge am südlichsten Zipfel Südamerikas. Nicht zu vergessen ist die Darwin-Medaille, eine hohe Auszeichnung der Royal Society, die erstmals (1890) Wallace zuteil wurde. Schließlich gibt es verschiedene Vereinigungen und Institutionen, die Darwins Namen tragen, so etwa das «Darwin College» an der Cambridge University, die «Darwin Society» an der University of Fairbanks (Alaska) und die «Darwin-Gesellschaft» in Berlin. Noch 2004 wurde im Wiener Rathaus die Vortragsreihe «Charles Darwin Lectures» aus der Taufe gehoben. Darwins Name und Werk stehen für allerhöchste wissenschaftliche Qualität, man bedient sich ihrer gern.

Was Darwin wirklich (nicht) sagte

Darwinismus als naturwissenschaftliche Theorie

Die Diskussionen über Darwins Werk und seine Lehre hielten auch nach seinem Tod unvermindert an. Die Zahl der Bücher und Aufsätze, die seither über Darwins Leben und seine Theorien veröffentlicht worden sind, ist längst nicht mehr zu überblicken. Gelegentlich wird von einer «Darwin-Industrie» gesprochen, und das ist sicher keine Übertreibung. Kaum ein anderer bedeutender Naturwissenschaftler hat Anlaß für so lang anhaltende und kontroverse Diskussionen gegeben wie Charles Darwin. Aber keine andere naturwissenschaftliche Theorie hat auch außerhalb der Naturwissenschaften für so viel Zündstoff gesorgt wie die Theorie der Evolution durch natürliche Auslese. Der von Wallace geprägte Ausdruck «Darwinismus» (S. 54) gibt allerdings bis heute Anlaß für viele Mißverständnisse, vor allem im ideologischen Bereich. Und so wurde Darwins Werk auch für verschiedene Anliegen vereinnahmt, mit denen er selbst nichts zu tun hatte oder nichts zu tun haben wollte.

Was heißt «Darwinismus»? Kaum war er geprägt, wurde der Ausdruck auf höchst unterschiedliche Weise interpretiert und gedeutet. Ernst Mayr schreibt dazu folgendes:

> «Wie in der alten Geschichte von den drei Blinden und dem Elefanten schien jeder, der über den Darwinismus schrieb, immer nur einen seiner vielen Aspekte zu fassen und dabei zu glauben, er hätte das Wesen dessen getroffen, was dieser Begriff bezeichnet. So reagierte jeder, der die *Entstehung* las, nur auf die Teile, die entweder seine vorgefaßten Ideen bestätigten oder ihnen zuwiderliefen. Keiner dieser Autoren hat begriffen, daß der Darwinismus keine monolithische Theorie ist, die mit der Gültigkeit oder Hinfälligkeit einer einzigen Idee steht oder fällt» (*... und Darwin hat doch recht*, S. 123).

Nun wurde bereits betont, daß Darwins Werk, insbesondere sein Buch *Über die Entstehung der Arten,* mehrere Theorien enthält. Würde man diese Theorien zusammen als «Darwinismus» bezeichnen, wäre das – aus ideengeschichtlichen Gründen – höchst irreführend. Denn die Vorstellung, daß die Arten veränderlich sind, geht nicht auf Darwin zurück, und die Idee einer langsamen, kontinuierlichen Evolution hat mehrere Urheber, neben Darwin zumindest noch Lamarck. Da hier keine detaillierte ideengeschichtliche Analyse erfolgen kann, sei vorgeschlagen, den Ausdruck «Darwinismus» im wesentlichen auf die Selektionstheorie und deren Anwendung auf die Rekonstruktion und Erklärung der Evolution des Menschen zu beschränken. Das wird Darwins eigenen Intentionen wohl am besten gerecht.

Viele der frühen Anhänger Darwins einschließlich Wallace, der die Idee der Selektion unabhängig von Darwin entwickelt hatte, waren nicht bereit, den Menschen mit seinen geistigen und moralischen Fähigkeiten als Resultat der Evolution durch natürliche Auslese zu sehen (S. 54). Darwin selbst zeigte sich darüber verwundert und weitete die Selektionstheorie mit aller Konsequenz aus. Allerdings wollte er sie stets als *naturwissenschaftliche* Theorie verstanden wissen. Gesellschaftliche und ideologische Implikationen hatte er damit keineswegs im Sinn. Natürlich sind «Ismen» grundsätzlich stets etwas problematisch, sie erklären eine Lehre oder Theorie zum Dogma mit Absolutheitsanspruch und entfernen sich so von der jeweils ursprünglichen Idee. Nicht immer, ja nur selten sogar, reflektieren sie die Ansichten und Absichten der Personen, auf deren Namen sie beruhen. «Marxismus» und «Freudianismus» sind weitere Beispiele. Darwin selbst hätte sich kaum als «Darwinisten» bezeichnet, auch wenn er kein bescheidener Mensch gewesen wäre.

Darwin stand einer weltanschaulichen Interpretation und Ausweitung seiner Lehre jedoch grundsätzlich sehr mißtrauisch gegenüber. Das lag einerseits an seinem zurückhaltenden Wesen, andererseits an seinem Verständnis von naturwissenschaftlichen Theorien, das weltanschaulichen Deutungen wenig Spielraum bot. Offensichtlich aber paßte seine Selektionstheorie vielen

Leuten als Unterstützung ihrer eigenen Ideologie. So nahmen Karl Marx (1808–1883) und Friedrich Engels (1820–1895) das Buch *Über die Entstehung der Arten* gleich nach seinem Erscheinen mit Begeisterung auf. Bereits im Dezember 1859 schrieb Engels an Marx, Darwin sei «ganz famos», er habe den großartigsten Versuch unternommen, «historische Entwicklung in der Natur nachzuweisen», und die Teleologie sei jetzt endgültig «kaputtgemacht». Ein Jahr später meinte Marx sogar – in einem Brief an Engels –, *Über die Entstehung der Arten* sei «das Buch, das die naturhistorischen Grundlagen für unsere Arbeit enthält». Es kommt daher wenig überraschend, daß er dem Bewunderten später ein Exemplar seines Werkes *Das Kapital* mit einer handschriftlichen Widmung («Von einem aufrichtigen Bewunderer ...») zukommen ließ und ihm schließlich sogar die englische Ausgabe des Werkes offiziell widmen wollte. Darwin war davon wenig begeistert und lehnte das Angebot höflich, aber bestimmt ab. Sicher, er hatte sich schon sehr weit vorgewagt, aber eine Identifizierung mit dem materialistischen Atheismus hätte in seinen Kreisen wohl noch mehr Unruhe gestiftet, als er auszuhalten bereit war. Und in politische Debatten hineingezogen zu werden, wollte er um jeden Preis vermeiden. Bloß wenn es, wie erinnerlich, um die Sklaverei ging, war Darwin bereit, politisch deutlich Farbe zu bekennen. Ähnlich vehement äußerte er sich nur noch gegen die Tierquälerei.

Andererseits ist es nicht verwunderlich, daß Darwins Selektionstheorie auf einige philosophische und ideologische Grundüberzeugungen «paßte» und umgekehrt von diesen mitgetragen wurde. Von den Materialisten des 19. Jahrhunderts wurde sie geradezu stürmisch begrüßt. Das 19. Jahrhundert stand im Zeichen des Glaubens an den *Fortschritt*, und Darwins Vorstellungen enthalten durchaus auch die Idee einer *progressiven Evolution*. Zwar gibt es da keinen Platz für Ziele und Zwecke, für eine kosmische Teleologie (S. 10), wohl aber, wie er am Schluß der *Entstehung der Arten* bemerkte, für «die Erzeugung immer höherer und vollkommenerer Wesen». Ganz im Sinne der *Aufklärung*, des Glaubens an die Verbesserungsfähigkeit der Welt und des Menschen, sah er Hoffnung für die Zukunft unserer eigenen Gattung und schrieb:

> «Ein Ausblick auf fernere Geschlechter braucht uns nicht fürchten zu lassen, daß die sozialen Instinkte schwächer werden; wir können im Gegenteil annehmen, daß die tugendhaften Gewohnheiten stärker und vielleicht durch Vererbung noch befestigt werden. Ist dies der Fall, so wird unser Kampf zwischen den höheren und niederen Impulsen immer mehr von seiner Schwere verlieren, und immer häufiger wird die Tugend triumphieren» (*Die Abstammung des Menschen*, S. 159 f.).

Eine mögliche positive Weiterentwicklung des Menschen, so ist aus diesen Zeilen zu erkennen, liegt jedenfalls nicht in Gottes Hand, sondern abermals in der Wirkungsweise eines natürlichen Prinzips, der Selektion, und dem, was der Mensch daraus macht.

Darwins Welt- und Menschenbild

Darwins Sichtweise der Lebewesen einschließlich des Menschen ist als *naturalistisch* zu bezeichnen. Mit *Naturalismus* ist grundsätzlich jedes Welt- und Menschenbild gemeint, das keine übernatürlichen Faktoren bei der Erklärung einzelner Phänomene zuläßt. Die Annahme solcher Faktoren «erklärt» in Wirklichkeit auch nichts. Sie verschiebt das zu Erklärende lediglich in den Bereich des Obskuren. So wäre, um ein einfaches Beispiel zu nehmen, der Schlaf durch die Annahme einer «Schlafkraft» keineswegs etwa erklärt, sondern diese Annahme würde nur zu allerlei Spekulationen über die vermeintliche Schlafkraft führen. In den Naturwissenschaften ist es längst gang und gäbe, alle – auch noch so komplexen – Phänomene mit Hilfe natürlicher Mechanismen *kausal* zu erklären. Darwin hat somit auch zum Selbstverständnis der Naturwissenschaften maßgeblich beigetragen.

Sein naturalistisches Welt- und Menschenbild widerspricht grundlegend einer in die Antike zurückreichenden Philosophie, die sich ganz allgemein als *Idealismus* charakterisieren läßt und noch heute, zumal im deutschen Sprachraum, erheblichen Einfluß auf die Weltvorstellung vieler Menschen ausübt. Dieser Philosophie zufolge sind geistige Phänomene eine eigenständige Daseinsform, menschliches Erkennen und Denken gewissermaßen abgekoppelt von der realen Außenwelt. Der *subjektive Idealismus* geht so weit zu behaupten, daß die ganze Welt praktisch nur im Bewußtsein des Menschen existiert. Darwins evolutionäres Welt- und Menschenbild steht dazu im krassen Gegensatz und enthält daher, worauf noch zurückzukommen sein wird, auch entscheidende Konsequenzen für die Diskussion ethischer oder moralphilosophischer Fragen.

Darwins Menschenbild ist aber auch, wie bereits angedeutet wurde, von den Ideen der Aufklärung geprägt und entspricht einem *säkularen Humanismus*. Für seine Fortentwicklung bedarf der Mensch demnach keiner göttlichen Inspiration, sondern kann einerseits auf die positiven Wirkungen der natürlichen Auslese und andererseits auf seine eigene Kultur zählen. So wie andere Lebewesen, meinte Darwin, habe der Mensch seine sozialen Instinkte «zum Besten der Gesamtheit» erworben und könne sie weiter verstärken. Er sei geistig «Schritt für Schritt höher» gestiegen, habe «die Verderblichkeit der abergläubischen Gebräuche erkannt» und gelernt, «auch das Glück seiner Mitmenschen» zu berücksichtigen und könne sein Wohlwollen «durch wohltätige Erfahrung, durch Unterricht und Beispiel» verfeinern und erweitern. Diese Überlegungen in seinem Buch *Die Abstammung des Menschen* lassen erkennen, daß Darwin nicht nur versuchte, die Naturgeschichte unserer Gattung zu rekonstruieren, sondern aus dieser Rekonstruktion auch positive Schlüsse für die Zukunft des Menschen glaubte ziehen zu können.

Dabei hat er im übrigen der Wissenschaft eine entscheidende Rolle beigemessen. Dies läßt sich vielleicht am besten an seiner Haltung zur *Vivisektion* zeigen. In den 1870er Jahren war vor allem in England ein heftiger Streit über Versuche an lebenden Tieren entbrannt, in den auch Darwin hineingezogen wurde. Es ist bemerkenswert, daß er, der öffentlichen Diskussionen gern aus dem Weg ging, zu dieser Frage noch ein Jahr vor seinem Tod in einem offenen Brief an die *Times* Stellung bezog, nachdem er sich dazu auch noch anderweitig, schriftlich wie mündlich, geäußert hatte. Wie bereits bemerkt wurde (S. 15), war Darwin ein tierliebender Mensch, der, wenn man – ungeachtet seiner Jagdleidenschaft – eine Floskel bemühen will, keiner Fliege etwas zuleide tun wollte. Er mußte sich daher selbst überwinden, wenn er dann doch ganz entschieden für die Vivisektion eintrat. Denn er war davon überzeugt, daß Experimente an lebenden Geschöpfen im Dienste des medizinischen Fortschritts – und mithin im Dienste der Menschheit – unverzichtbar seien. Ohne Versuche an lebenden Tieren, so argumentierte er, könne die Physiologie nicht fortschreiten, und der, der diesen Fortschritt aufhält, würde ein Verbrechen gegen die Menschlichkeit begehen. Ihm, der dem Menschen so bedingungslos seinen Platz unter den Tieren zugewiesen hat, war also das Wohlergehen der Mitglieder *unserer* Spezies ein oberstes Anliegen!

Schließlich ist zu betonen, daß Darwins Auffassungen über den Menschen und insgesamt die Welt der Lebewesen im krassen Gegensatz zu einem *deterministischen* Weltbild stehen, dem zufolge alles von strengen (physikalischen) Gesetzen bestimmt wird. In Darwins Welt- und Menschenbild spielt der *Zufall* eine ganz wichtige Rolle. Heute wissen wir, daß bei sich sexuell fortpflanzenden Organismen die elterlichen genetischen Potenzen nach dem Zufallsprinzip neu durchmischt werden (*genetische Rekombination*), so daß keine neu entstehende individuelle Variante voraussagbar ist. Überhaupt gelten in der Biologie in der Hauptsache nur statistische Gesetze oder Wahrscheinlichkeitsgesetze. Um es vereinfacht auszudrücken: Das Leben ist unberechenbar. Natürlich können sich auch Lebewesen grundlegenden physikalischen Gesetzen, wie beispielsweise dem Gesetz der Schwerkraft, nicht widersetzen. Wie sie sich aber auf der Grundlage dieses Gesetzes entwickeln, bleibt, jedenfalls physikalisch gesehen, offen. Das Gesetz der Schwerkraft schreibt keinem Lebewesen vor, sich laufend, kriechend, schwimmend oder fliegend fortzubewegen. Darüber entscheiden immer bloß die jeweils spezifischen Beziehungen zwischen den Lebewesen und ihrer Umwelt. Dabei sind die Lebewesen, wie Darwin wohl wußte, ihrer jeweiligen Umwelt keineswegs auf Gedeih und Verderb ausgeliefert, sondern entwickeln unterschiedlichste, von der Selektion begünstigte Strategien, um die Umwelt zu bewältigen, ihr zu trotzen.

Der Glaube, daß Organismen von ihrer Umgebung sozusagen geformt werden, daß allein die Selektion von Seiten der Außenwelt Veränderungen erzwingt, ist eines der vielen «darwinistischen Mißverständnisse». Hingegen legen schon sehr einfache Überlegungen nahe, daß, wie im Sprichwort, aus einer Mücke kein Elefant werden kann. Denn beide, Mücke und Elefant, sind bereits Resultate langer evolutionärer Prozesse, in deren Verlauf sich ihre «Baupläne» auf jeweils spezifische Weise entwickelt und stabilisiert haben. Ihre Umwelt kann also keine «großartigen» Veränderungen erzwingen. Aus dem gleichen Grund erweist sich daher auch der immer noch anzutreffende Glaube, der Mensch sei durch gezielte Umwelteinwirkungen prinzipiell veränderbar, als Irrglaube. Es ist derselbe Irrglaube, dem, unter anderen Vorzeichen, überall dort gehuldigt wurde, wo man dachte, der Mensch sei durch gezielte genetische Eingriffe grundsätzlich zu verändern beziehungsweise zu verbessern.

Sozialdarwinismus – ein gefährliches Mißverständnis

In der Tat wurden Darwin und seine Theorien nirgends so gründlich und auf so gefährliche Weise mißverstanden wie im *Sozialdarwinismus*. Darunter versteht man ganz allgemein die Ideologie, daß die im Kampf (Wettbewerb!) ums Dasein überlebenden Individuen und Arten der menschlichen Gesellschaft, Politik und Wirtschaft als Vorbild dienen können, daß der Kampf, wie er sich in der Natur abspielt, auf die Gestaltung des gesellschaftlichen Lebens des Menschen in einem *normativen* Sinn übertragbar sei. Anders gesagt: Was sich in der Natur abspielt, ist *gut* und soll uns daher als Vorbild dienen. Die Fehlinterpretation von Darwins Formel «Überleben des Tauglichsten» als «Überleben des Stärksten» rechtfertigte – vermeintlich im Dienste des Fortschritts – die kapitalistische Ausbeutung von Arbeitskräften.

Der Sozialdarwinismus ist in der Geschichte in verschiedenen Versionen aufgetreten, die hier im einzelnen nicht behandelt werden können. Prinzipiell aber lassen sich die ihm zugrundeliegenden Überzeugungen im wesentlichen auf drei Annahmen zurückführen: (1) Darwins Selektionstheorie liefert die Maßstäbe für die gesellschaftliche, wirtschaftliche und moralische Entwicklung des Menschen. (2) Es gibt gute und schlechte Erbanlagen. (3) Wir haben die Aufgabe, die guten Erbanlagen zu fördern und die schlechten zu eliminieren. Übrigens gilt ein Vetter Charles Darwins, Francis Galton (1822–1911), als der Begründer der «Lehre von den guten Erbanlagen», also der *Eugenik*. Galton glaubte, daß nicht nur körperliche, sondern auch geistige Eigenschaften vererbt werden und wollte auf der Basis der Selektionstheorie praktische Maßnahmen zur Verbesserung des Erbguts entwickeln. Seiner Meinung nach ist beim zivilisierten Menschen der Mechanismus der natürlichen Auslese nicht mehr wirksam. Man müsse also, so sein Argument, einem eventuellen genetischen Verfall entgegensteuern. Allerdings muß man Galton zugute halten, daß er keineswegs drastische Maßnahmen wie Zwangsehen usw. befürwortete.

Während auch zuzugeben ist, daß manche Sozialdarwinisten des späten 19. und frühen 20. Jahrhunderts durchaus humanistische Absichten verfolgten und unter Berufung auf Darwin über Sozialreformen im Sinne einer «Verbesserung» des Menschen nachdachten, muß mit Nachdruck festgestellt werden, daß der Sozialdarwinismus in seinen praktischen, politischen Auswüchsen verheerende Konsequenzen hatte. Dies wurde im *Nationalsozialismus* besonders deutlich. Die Nationalsozialisten haben Darwins «Überleben des Tauglichsten» als «Recht des Stärkeren» fehlgedeutet und Selektion fälschlicherweise mit «Ausmerzen» gleichgesetzt.

Daß Darwin damit nichts zu tun hat, läßt sich leicht belegen. Wenn man sein Welt- und Menschenbild richtig versteht und die enorme Rolle erkennt, die für ihn die Einmaligkeit des Individuums und die Variation innerhalb jeder Art spielte, dann sieht man auch ein, daß seine Lehre im Widerspruch zu allen diskriminierenden und rassistischen Ideen steht. Die Vorstellung von der gemeinsamen Abstammung aller heute lebenden Menschen – ungeachtet ihrer Hautfarbe und ihrer kulturellen Eigenarten – läßt die Idee beziehungsweise Ideologie von «höherwertigem» und «minderwertigem» menschlichen Leben nicht zu. Jeder Mensch ist, als Individuum, einmalig und sozusagen nur mit sich selbst identisch; aber zugleich ist er nur eine von unzähligen Varianten *einer* Spezies, die sich in langen Zeiträumen aus affenähnlichen Wesen entwickelt hat. Das war gleichsam Darwins Botschaft, und wenn man sie ernst nimmt, dann erkennt man auch, daß der Sozialdarwinismus mit dem Darwinismus als naturwissenschaftlicher Theorie ungefähr soviel gemein hat wie die Astrologie mit der Astronomie (also nichts). Sowenig wie das Schicksal des einzelnen Menschen in den Sternen geschrieben steht, sowenig bestehen auch naturgesetzlich bestimmte «Rechte», einzelne Menschen oder ganze Völker zu bevorzugen oder auszumerzen.

In seinem Buch *Die Abstammung des Menschen* sprach Darwin von sozialen Instinkten und der Möglichkeit ihrer Förderung durch Erfahrung und Unterricht. Er meinte, daß sich das Wohlwollen des Menschen allmählich «auf die Angehörigen aller Rassen, ja selbst auf die nutzlosen Glieder der Menschheit, die Idioten und Krüppel, und endlich auch auf die Tiere erstreckte» (*Die Abstammung des Menschen*, S. 158 f.). Natürlich, die Ausdrücke «Idiot», «Krüppel» und auch «Rasse» sind heute verpönt und widersprechen der inzwischen gebotenen politischen Korrektheit. Doch sollte es überflüssig sein zu bemerken, daß sich Darwin in der Sprache *seiner* Zeit ausdrückte. Die Verwendung solcher Vokabeln spricht also nicht gegen ihn. Was jedoch für ihn spricht und ihn von jedem Sozialdarwinisten unterscheidet, ist seine Meinung, daß selbst, um in seiner Sprache zu bleiben, «die Nutzlosen» unser Wohlwollen genießen können – und sollen. «Ausmerzen» war also seine Sache nicht. Und nirgends in seinem Werk findet sich irgendein Hinweis darauf, daß es «lebensunwertes» menschliches Leben gibt (selbst wenn man nicht übersieht, daß er die Fortpflanzung der «schwächeren Mitglieder der Gesellschaft» als im Ganzen schädlich für die «Rasse» des Menschen hielt). Daß er über den Menschen hinaus schließlich auch noch andere Lebewesen in den «Sympathiekreis» einbezog, macht ihn übrigens zu einem der Vordenker der modernen Tierrechtsbewegung.

Kurz gesagt, nimmt man Darwins Werk und seine persönliche humanistische Gesinnung ernst, dann wird man keine «Argumente» für den Sozialdarwinismus finden, sondern diesen als gefährliche Ideologie erkennen, die in der Vergangenheit schon verheerende Konsequenzen mit sich brachte, leider aber immer noch nicht überwunden ist. Vielmehr gewinnt man heute den Eindruck, daß die sogenannte, lediglich von Profit und Kapital gelenkte, *new economy* dem Sozialdarwinismus zu neuer Blüte verhilft. Aus dem *survival of the fittest* wird wieder ein «Überleben des Stärksten», ein Überleben all jener, die sich, ganz gleich mit welchen Mitteln, wirtschaftlich behaupten und jedenfalls auf die Schwachen keine Rücksicht zu nehmen brauchen. Damit wird eine brutale Wirtschaftspolitik des 19. Jahrhunderts wiederbelebt, die damals mit Darwins Lehre vermeintlich in Einklang stand. Viel an weiterer Aufklärungsarbeit bleibt also noch zu leisten.

Wenn man dennoch glaubt, in Darwins Werk, insbesondere in seine Selektionstheorie, alles Mögliche an ideologischen Deutungen hineinlegen zu können, dann sollte man sich einmal die Mühe machen, dieses Werk zu lesen, um zu sehen, was damit gemeint – und nicht gemeint! – ist. Die wirkliche Bedeutung von Darwins Gedankengebäude für die Gegenwart soll in der Folge zumindest in groben Zügen stichwortartig dargelegt werden.

Darwins Bedeutung für die Gegenwart

Von Menschen und Affen

Ein nach wie vor kontrovers diskutiertes Problem, mit dem Darwin oft noch in erster Linie in Verbindung gebracht wird, auch wenn es zunächst keineswegs *sein* Problem war (S. 10), ist die Frage nach der Beziehung zwischen dem Menschen und den «Affen». Damit sind vor allem die *Menschenaffen* – Orang-Utan, Gorilla, Schimpanse und Zwergschimpanse (Bonobo) – gemeint. Zwar kann an der engen Verwandtschaft des Menschen mit diesen Tieren heute kein Zweifel mehr bestehen, aber angefreundet haben sich viele (Menschen) mit dieser Tatsache noch lange nicht. Andererseits ist die Ähnlichkeit schon von vornherein verblüffend und kann keinem auch noch so oberflächlichen Beobachter entgehen.

Es ist daher gar nicht weiter erstaunlich, daß schon Carl von Linné (1707–1778), der Altmeister der biologischen Systematik und Klassifikation, den Menschen zusammen mit dem Schimpansen und dem Gorilla in eine Gattung gestellt und in die Säugetierordnung der Primaten eingereiht hatte. Linné war ein weitsichtiger Naturforscher, dessen Werk aus der Geschichte der Biologie nicht wegzudenken ist. Warum aber ging der Wirbel um die «Affenfrage» erst hundert Jahre später los? Gewiß, Linné war sehr mutig gewesen und hatte sich weit vorgewagt, da er aber im wesentlichen an der Konstanz der Arten festhielt, war seine Klassifikation nicht wirklich «gefährlich». Und es ist ja eines, die Ähnlichkeit zwischen dem Menschen und den Affen festzustellen, ein anderes aber, deren stammesgeschichtliche Verwandtschaft zu erkennen. Erst das aber war der wirkliche Durchbruch, erst damit ist «viel Licht gefallen» auf den Menschen, seine Herkunft und seine Stellung in der Natur. Die damit unvermeidliche Revolutionierung des Menschenbildes war Darwin bewußt, und es war ihm klar, daß es viele Menschen geradezu als ehrenrührig empfinden werden, wie sich ihre Gattung praktisch lückenlos in die Geschichte «primitiverer» Wesen einreihen läßt. Daher versuchte er zu beschwichtigen:

> «Wenn wir nicht absichtlich unsere Augen schließen, so können wir nach unseren jetzigen Kenntnissen annähernd unsere Abstammung erkennen, und wir brauchen uns derselben nicht zu schämen. Der niedrigste Organismus ist etwas bei weitem Höheres als der unorganische Staub unter unseren Füßen; und kein vorurteilsfreier Mensch kann irgend ein lebendes Wesen, wie niedrig es auch stehen mag, studieren, ohne in Enthusiasmus über seine wunderbare Struktur und Eigenschaften zu geraten» (*Die Abstammung des Menschen*, S. 215).

An der Aktualität dieser vor über 130 Jahren geschriebenen Zeilen hat sich nicht viel geändert. Nach wir vor ist es notwendig, vielen Menschen deutlich zu machen, daß es keine Schande ist, mit Affen eng verwandt zu sein und «affenartige» Wesen als Vorfahren zu haben.

Die Evolution des Geistes

Nun wäre ja die anatomische und physiologische Verwandtschaft des Menschen mit Affen noch einigermaßen zu verkraften. Doch wenn man Darwins Auffassungen konsequent weiterdenkt, dann ist diese Verwandtschaft auch auf psychischer und geistiger Ebene begründet. Sein Gradualismus läßt Lücken oder «Sprünge» in der Evolution nicht zu. Daher bemerkte er: «Wie groß auch der Unterschied zwischen den Seelen der Menschen und der höheren Tiere sein mag, er ist doch nur ein gradueller und kein prinzipieller» (*Die Abstammung des Menschen*, S. 160).

Das bedeutet, daß der menschliche Geist – beziehungsweise all das, was man darunter gemeinhin versteht (rationales Denken, Sprache usw.) – nicht «vom Himmel gefallen» ist, sondern sich in der Evolution allmählich aus bestimmten Fähigkeiten anderer Lebewesen entwickelt hat. Darüber hinaus aber ist der Mensch nicht mehr als jenes «reine Geistwesen» zu betrachten, als das er einer langen theologischen und philosophischen Tradition zufolge gesehen wird. Er trägt seine Vergangenheit, die archaischen Antriebe seines Verhaltens und Handelns mit sich herum, und auch in seinem Wahrnehmen und Denken zeigen sich tiefe Spuren seiner stammesgeschichtlichen Herkunft.

Es ist daher – und damit sind wir wiederum bei den «Affen» – von großer Bedeutung, das Verhalten unserer nächsten Verwandten zu studieren. Dieses sagt über uns selbst eine Menge aus. Bereits 1838 erkannte Darwin, daß eine auf den Menschen beschränkte Diskussion des Geistigen unvollständig bleiben würde und die Einbeziehung von Tieren in diese Diskussion unerläßlich sei. Der, der einen Pavian versteht, so bemerkte er, leistet auch mehr für die Philosophie als mancher Philosoph. Konkret meinte er damit seinen Landsmann John Locke (1632–1704), der die These vertreten hatte, unser Bewußtsein sei anfangs gleichsam ein leeres Blatt, ohne angeborene Eindrücke oder Ideen. Aus evolutionstheoretischer Sicht ist diese These nicht haltbar. Jeder Mensch kommt sozusagen mit Erinnerungen an die Geschichte seiner Gattung zur Welt und verfügt über artspezifische, angeborene Verhaltensdispositionen. Diese Sicht war nicht nur für die Psychologie, sondern auch für die Philosophie von umwälzender Bedeutung. Sie findet noch heute viele Gegner, die die «Reinheit» des menschlichen Geistes hochhalten wollen oder aus ideologischen Gründen den (individuellen) Menschen gern als unbeschriebenes Blatt sehen, welches durch gezielte Umwelteinwirkungen (Erziehung, politische Propaganda und so weiter) gefüllt werden kann.

Nur allmählich wird klar, daß Darwins Ideen über den Menschen und seine Herkunft und die seiner Herkunft zugrundeliegenden Mechanismen auch in der Psychologie und Psychiatrie fruchtbar gemacht werden können und in diesen Disziplinen eigentlich unverzichtbar sind. Die Grundidee ist dabei die, daß jeder Mensch nicht nur seine eigene, individuelle Geschichte hat, sondern auch die Bürde der Geschichte seiner Gattung auf die eine oder andere Weise mitträgt.

Eines sollte inzwischen klar sein: Die Suche nach dem *missing link*, dem fehlenden Bindeglied zwischen Mensch und Tier hat sich als überflüssig erwiesen. Erstens gibt es nicht «das Tier», sondern Millionen verschiedener Tierarten. Zweitens ist der Mensch selbst ein Tier, wenn auch eins mit höchst bemerkenswerten Eigenschaften (aber sind die Eigenschaften anderer Tierarten weniger bemerkenswert?!). Drittens schließlich war die Evolution «zum» Menschen ein langer, verschlungener und komplizierter Weg, «gepflastert» mit unzähligen Arten, von denen jede – oder keine – als eigentliches «Bindeglied» zwischen zwei oder mehreren Arten interpretiert werden kann.

Darwin und die Moralphilosophie

Wenn nun die geistigen Fähigkeiten des Menschen in seiner Evolution tief verwurzelt sind und nur auf evolutionärer Grundlage hinreichend beschrieben und erklärt werden können, dann muß auch die menschliche *Moral* eine Folge der Evolution sein. Ein Evolutionstheoretiker kann sich dieser Konsequenz zwar nicht entziehen, aber beliebt ist eine solche Schlußfolgerung nach wie vor nicht. Gerade seine Fähigkeit, sich moralisch verhalten, zwischen «gut» und «böse» unterscheiden zu können, scheint den Menschen letztlich doch aus der «Tierreihe» herauszunehmen. Der idealistischen Tradition zufolge (S. 90) wird menschliches Handeln im Sinne des Guten von Idealen geleitet, die nur der Mensch haben kann und die ihm nicht von seiner Natur vorgeschrieben werden. Dem evolutionären Menschenbild gemäß ist auch das moralische Handeln eine Konsequenz der Evolution, eine Fähigkeit, die unter spezifischen Lebensbedingungen durch natürliche Auslese entwickelt und stabilisiert wurde.

Darwin war einer der ersten konsequenten Vertreter der *evolutionären Ethik*, die moralisches ebenso wie unmoralisches Verhalten als evolutionäre Phänomene beschreibt und erklärt und in neuerer Zeit zu vielen, teils recht heftigen, Diskussionen geführt hat. Einer der Vorwürfe bezieht sich auf den *naturalistischen Fehlschluß*, wonach es falsch sei, vom «Ist» aufs «Sollen» zu schließen, aus der Natur also Normen und Wertvorstellungen abzuleiten. Dieser Fehlschluß liegt, wie wir im letzten Kapitel gesehen haben, zwar dem Sozialdarwinismus zugrunde, wird aber von den Vertretern der evolutionären Ethik heute in aller Regel vermieden: Die Natur enthält keine moralischen Standards und schreibt uns nicht vor, wie wir handeln sollen. Allerdings ist unser Handeln von *unserer* Natur nicht entbunden, es reflektiert stets das «Naturwesen» Mensch mit seiner langen stammesgeschichtlichen Vergangenheit. Darwin ist beizupflichten, daß unsere Gattung mit «sozialen Instinkten» ausgestattet sei, die sich in der Evolution durch natürliche Auslese entwikkelt und gefestigt haben, weil sie dem Leben in Gruppen dienlich sind. Was wir heute als «moralisch» bezeichnen, findet seine Entsprechung in grauer Vorzeit, als es zwar noch niemanden gab, der über ethische Fragen reflektierte, als es aber im Dienste des Überlebens vonnöten war, sich zumindest in der eigenen Gruppe kooperativ und hilfsbereit zu verhalten. Wären wir Menschen von Anfang an bloß brutale Bestien gewesen, die sich gegenseitig die Köpfe eingeschlagen haben, dann wären wir als Gattung früh ausgestorben.

Darwin sah in den sozialen Instinkten «die elementarste Grundlage der sittlichen Beschaffenheit des Menschen» und meinte, «daß sie mit Hilfe aktiver intellektueller Kräfte und der Wirkungen der Gewohnheiten zu der goldenen Regel führen: ‹Was ihr wollt, das euch die Leute tun sollen, das tut ihr ihnen›» (*Die Abstammung des Menschen*, S. 161). Es lag also nicht etwa in seiner Absicht, bestehende Moralprinzipien zu demontieren, aber seine genuine Leistung bestand darin, solche Prinzipien auf eine evolutionäre Grundlage zu stellen. Damit hat er der Moralphilosophie neue Wege gewiesen, die zu beschreiten sich noch heute viele Philosophen weigern. Da er, wie im letzten Kapitel bemerkt wurde, an die Verbesserungsfähigkeit beziehungsweise Höherentwicklung des Menschen glaubte, spielte der moralische Aspekt in seiner Vorstellung der Evolution des Menschen eine wesentliche Rolle. Er sah im menschlichen Vermögen zu moralischem Handeln sogar einen gewissen Trost für all jene, denen der Gedanke an die «niedere Abkunft» unserer Gattung unangenehm war. Es sei, bemerkte er, eine tröstliche Annahme, «daß der Mensch, wenn auch langsam und in Unterbrechungen, sich aus dem niedrigsten Zustand zur heutigen Höhe seines

Wissens, seiner Sittlichkeit und seiner Religion erhoben habe» (*Die Abstammung des Menschen*, S. 188).

Darwin und die Religion

Von Darwins Verhältnis zur Religion, insbesondere zum christlichen Glauben, war in diesem Buch bereits mehrmals die Rede. Wenn man sich in dieser Hinsicht nochmals seine Biographie vor Augen führt, dann kann man folgendes festhalten: «In der Religion ging Darwin den Weg von der konventionellen Gläubigkeit seiner Jugend zu einem skeptischen Agnostizismus, den er nie mehr verlor» (Jonathan Howard, *Darwin*, S. 25). Warum er sich konkret vom Christentum ganz deutlich distanziert hatte, erklärte er selbst folgendermaßen:

> «Ich kann es kaum begreifen, wie jemand, wer es auch sei, wünschen könnte, die christliche Lehre möge wahr sein; denn wenn dem so ist, dann zeigt der einfache Text [das Evangelium], daß die Ungläubigen, und ich müßte zu ihnen meinen Vater, meinen Bruder und nahezu alle meine besten Freunde zählen, ewige Strafen verbüßen müssen. Das ist eine abscheuliche Lehre» (*Autobiographie*, S. 87).

Die Vorstellung eines strafenden Gottes widersprach Darwins humanitärer Gesinnung und war ihm daher höchst zuwider. Das ist der eine Aspekt, unter dem Darwins Verhältnis zum Christentum – und zur Religion im allgemeinen – betrachtet werden kann: Er lehnte die christliche Lehre ab, weil sie ihm als inhuman erschien; ein gewissermaßen praktischer Gesichtspunkt.

Der zweite Aspekt ist theoretischer Natur. Darwin war durch und durch Naturforscher, bestrebt, alle Lebenserscheinungen auf klar erkennbare, natürliche Prinzipien und Ursachen zurückzuführen. Die Religion als Lehre von den «letzten Dingen» wurde ihm daher mehr und mehr suspekt. Seine Haltung läßt sich also, wie gesagt, am besten als die eines Agnostikers bezeichnen. Er leugnete metaphysische Wahrheiten und hielt sich nur daran, was er im Zusammenhang mit empirisch erfaßbaren Tatsachen theoretisch argumentieren konnte. Indes fand Darwin sehr wohl die Frage interessant, warum sich in der Geschichte des Menschen überhaupt Religionen entwickelt haben. In der *Abstammung des Menschen* versuchte er daher auch religiöse Gefühle evolutionär zu erklären. Das war die Konsequenz seiner Überlegungen und Schlußfolgerungen hinsichtlich der geistigen und moralischen Entwicklung des Menschen. Religion war für ihn somit nur ein besonderer, wenn auch sehr komplexer Ausdruck menschlicher Gemütsregungen. Er schrieb daher folgendes:

> «Das Gefühl religiöser Ergebung ist sehr kompliziert; es setzt sich zusammen aus Liebe, vollkommener Unterwerfung unter ein erhabenes, geheimnisvolles Etwas, einem starken Abhängigkeitsgefühl, Furcht Ehrfurcht, Dankbarkeit, Hoffnung auf ein Jenseits und vielleicht noch anderen Elementen. Kein Wesen, dessen intellektuelle und moralische Fähigkeiten nicht mindestens auf einer mäßig hohen Stufe stehen, könnte eine so komplizierte Gemütserregung an sich erfahren» (*Die Abstammung des Menschen*, S. 120).

Damit wurde Darwin auch zum Wegbereiter moderner psychologischer Interpretationen der Religionen und ihrer Funktion im menschlichen Leben. Er sah Religion beziehungsweise religiöses Empfinden eingebettet in die Evolution der geistigen Fähigkeiten, die beim Menschen ihre höchste Stufe erreicht hatten. Religion entstand also aus der psychischen Situation des prähistorischen Menschen und hat sich aus psychologischen Gründen in allen späteren Kulturen ausgebreitet und gefestigt.

Im 19. Jahrhundert wurden derartige ketzerische Auffassungen nicht nur von Darwin vertreten. Sie waren fester Bestandteil des Materialismus – und sind es bis heute geblieben. Es ist verständlich, daß Darwin, wie alle, die ähnlich argumentierten, häufig Angriffen klerikal denkender Kreise ausgesetzt war. Auch daran hat sich bis heute nicht viel geändert. Wenn man nämlich die Religion stammesgeschichtlich relativiert und aus der menschlichen Situation ableitet, dann verlieren ihre Dogmen jeglichen Anspruch auf absolute, unwandelbare Wahrheit. Viele Menschen sahen – und sehen – darin auch eine große Gefahr für die Moral, für die es unter diesen Umständen keinen festen Halt gibt. Der Mensch Charles Darwin ist aber der beste

Beweis dafür, daß man im privaten und gesellschaftlichen Leben auch dann das sittlich Gute anstreben und moralisch richtig handeln kann, wenn man an keine von Gott gegebenen, unwandelbaren und ewigen Werte glaubt.

Den aufmerksamen Lesern und Leserinnen von Darwins Werk, insbesondere seines Buches *Über die Entstehung der Arten*, kann freilich nicht verborgen bleiben, daß dessen Autor auch den Ausdruck «Schöpfer» gebraucht und sich am Ende gleichsam in religiösen Wendungen verliert:

> «Es ist wahrlich etwas Erhabenes um die Auffassung, daß der Schöpfer den Keim alles Lebens, das uns umgibt, nur wenigen oder gar nur einer einzigen Form eingehaucht hat und daß, während sich unsere Erde nach den Gesetzen der Schwerkraft im Kreise bewegt, aus einem so schlichten Anfang eine unendliche Zahl der schönsten und wunderbarsten Formen entstand und noch weiter entsteht» (*Über die Entstehung der Arten*, S. 678).

Tatsache ist, daß Darwin zu dem Zeitpunkt, als er diese Zeilen niederschrieb, seinen religiösen Glauben längst verloren hatte. Aber da er wußte, daß er ein sehr gefährliches Terrain betreten würde, war er in seiner Wortwahl vorsichtig und wollte diejenigen seiner Zeitgenossen, die an Gott glaubten – und das war natürlich die überwiegende Mehrzahl – nicht vor den Kopf stoßen. Auch hier ist daran zu erinnern, daß er sich vor allem aus privaten Gründen dazu veranlaßt sah, gewissermaßen ein Blatt vor den Mund zu nehmen: «Das Wissen, daß er sein Leben damit verbrachte, die religiösen Überzeugungen zu untergraben, die seinen Angehörigen und Freunden teuer waren, ließ ihn mehr als einmal davor zurückscheuen, einen Angriff vehement vorzutragen» (Ronald W. Clark, *Charles Darwin*, S. 9). Indes sollte klar sein, daß er mit «Schöpfer» nichts anderes meinte als die natürliche Auslese.

Eine (Zwischen-)Bilanz

Darwins Leben und Werk sind inzwischen aus unterschiedlichsten Blickwinkeln beleuchtet worden. Nur wenigen Naturforschern der Vergangenheit wurde so viel Aufmerksamkeit gewidmet wie Darwin. Dennoch ist heute eine Gesamtbilanz noch nicht möglich. Für viele Naturforscher gilt, daß sie für *ihre* Zeit bahnbrechend gewirkt, in *ihrer* Zeit Großes geleistet haben. Sie verdienen Hochachtung. Darwin aber hat zu *seiner* Zeit Theorien über die Entwicklung des Lebens (einschließlich des Menschen) konzipiert, deren Bedeutung *zukunftsweisend* geblieben ist. Er ist nach wie vor «modern». Die Tragweite seines Denkens vermag immer noch vor allem diejenigen zu erstaunen, denen unser eigenes Selbstverständnis ein Anliegen ist. Es ist klar, daß manche seiner Auffassungen im Detail inzwischen verändert oder durch bessere ersetzt worden sind. Ebenso ist zuzugeben, daß auch heute noch keineswegs alle Einzelprobleme der Evolution gelöst sind. Aber der große theoretische Rahmen für eine Lösung ist seit Darwin da. Trotz vieler Bemühungen konnte sein Theoriengebäude nicht erschüttert werden. Um mit Ernst Mayr zu sprechen:

> «Einhundertunddreißig Jahre erfolgloser Widerlegungen endeten mit einer ungeheuren Stärkung des Darwinismus. Meinungsverschiedenheiten innerhalb der Evolutionsbiologie beziehen sich auf spezielle Fragen ... Die grundlegenden Darwinistischen Prinzipien gelten heute unangefochtener denn je» (*... und Darwin hat doch recht*, S. 211).

Inzwischen ist wieder über ein Jahrzehnt verstrichen, aber an der Bedeutung des Darwinismus hat sich nichts geändert.

Man kann Darwin mit Fug und Recht als einen der bedeutendsten *Aufklärer* bezeichnen. Immanuel Kant (1724–1804) hatte gemeint, Aufklärung sei der Ausgang des Menschen aus seiner selbstverschuldeten Unmündigkeit. Indem Darwin den Menschen in Bezug auf *alle* (nicht nur anatomische und physiologische) Merkmale in die Evolution der Organismen eingereiht hat, hat er ihn nicht etwa entmündigt, sondern ihm ganz im Gegenteil einen Platz zugewiesen, von dem aus er seine Möglichkeiten neu bestimmen kann. Ist der Mensch im traditionellen Weltbild einem Schöpfer unterworfen, dessen Absichten letztlich unergründlich bleiben, so ist er im evolutionären Weltbild nur eines von unzähligen Resultaten eines Entwicklungsprozesses, der gar keine Absichten verfolgt. Während das traditionelle Weltbild dem einzelnen einen übergeordneten *Sinn* aufdrängt, gibt es im evolutionären Weltbild keinen objektiven Sinn, und es bleibt jedem einzelnen überlassen, seinen eigenen, subjektiven Sinn zu finden, seinem eigenen – wenn auch stets zeitlich begrenztem – Dasein einen Sinn abzugewinnen. Darwin selbst sah durchaus den Konflikt zwischen der evolutionären und der existentiellen Wirklichkeit und blieb zeit seines Lebens in diesen Konflikt auch persönlich verstrickt. Daß wir Menschen imstande sind, etwas von der «Erhabenheit» der Natur mit der Vielfalt ihrer Formen zu erkennen, reichte ihm jedoch zum Trost und kann auch uns heute ein tröstlicher Ausblick sein.

Darwins Werk bedeutet letzten Endes auch einen Bildungsauftrag. Genau gesagt legt es den Wert biologischer Bildung nahe. Es weist deutlich auf die enorme Vielfalt des Lebens und macht mit den grundlegenden Prinzipien vertraut, auf denen diese Vielfalt beruht. Daher hat es auch weit über 100 Jahre nach dem Tod seines Urhebers nichts von seiner Aktualität verloren. Die Evolutionstheorie ist das Grundgerüst der Biologie, die große Klammer, die verschiedenste biologische Fächer zu einem Ganzen zusammenfügt, und zugleich jene Plattform, von der aus unser eigenes Dasein als Spezies begriffen werden kann. Der bedeutende Genetiker und Evolutionsbiologe Theodosius Dobzhansky (1900–1975) brachte diesen Gedanken auf den Punkt, indem er meinte, daß außerhalb der Evolution in der Biologie nichts einen Sinn mache oder, wörtlich: «Nichts in der Biologie ergibt einen Sinn, außer man betrachtet es im Lichte der Evolution.» Dieser Satz ist unzählige Male zitiert worden, und es muß ihm im Grunde genommen nicht viel hinzugefügt werden. Es ist indes bemerkenswert, daß in den Lehr- und Studienplänen selbst der biologischen Fakultäten unserer Universitäten und Hochschulen der Evolution meist kaum der ihr gebührende Stellenwert eingeräumt wird. Zugunsten von Fächern wie Genetik und Molekularbiologie gerät das Studium der *Biodiversität*, der Vielfalt des Lebens, zunehmend in den Hintergrund. Erst heute beginnen wir diese Vielfalt zu erahnen – während sie auch schon, aufgrund anhaltender Zerstörung von Lebensräumen, dramatisch zu schrumpfen beginnt. Dabei hat Darwin selbst doch schon mit so großer Klarheit auf diese Vielfalt hingewiesen! Ein Verständnis der Biodiversität und der ihrer Entstehung zugrunde liegenden (Evolutions-)Mechanismen ist mithin ein Gebot der Stunde. Die Zukunft des Lebens auf der Erde – und mithin unsere eigene Zukunft – wird nicht zuletzt von diesem Verständnis abhängen. Und das ist eine Frage der Bildung.

Um so beunruhigender ist es daher, daß bei einer Umfrage in den USA im Jahr 2000 nicht weniger als 79 Prozent der Befragten das Lehren der Schöpfungsgeschichte in den öffentlichen Schulen unterstützten. Eine entsprechende Umfrage im deutschen Sprachraum ergab im Jahr 2002, daß immerhin knapp über 20 Prozent der befragten Personen glaubten, die Erde mit ihren Lebewesen sei innerhalb der letzten 10 000 Jahre von Gott erschaffen worden. In einer Gesellschaft, in der sich beinahe alle Menschen mit größter Selbstverständlichkeit der modernen, auf physikalischen Prinzipien beruhenden Technik bedienen, sind das höchst bedenkliche Zeichen. Daher gilt es, die Biologie, insbesondere die Evolutionstheorie, in Schulen und anderen Bildungseinrichtungen viel stärker zu fördern und ihre zentrale Bedeutung für ein umfassendes, modernes Weltbild zu erkennen. Wem dies zu allgemein und zu abstrakt erscheint, möge sich den «praktischen» Nutzen des Evolutionsdenkens vor Augen führen:

> «Evolutionsdenken und Evolutionsmodelle wenden wir an, wenn wir uns mit der Antibiotikresistenz von Krankheitserregern, der Pestizidresistenz von Schädlingen, der Bekämpfung von Krankheitsüberträgern (z. B. Malariamücken), Krankheitsepidemien, der Herstellung neuer Nutzpflanzen ... und vielen anderen Aufgaben auseinander setzen ... Letztlich erforschen Wissenschaftler die Evolution, weil sie unsere Kenntnisse über dieses Phänomen erweitern wollen, das die Welt des Lebendigen in allen ihren Aspekten beeinflußt. ... Die Evolutionsforschung hat ... viele wichtige Beiträge zum Wohlergehen der Menschen geliefert, und Evolutionsdenken hat fast alle anderen Teilgebiete der Biologie gewaltig bereichert» (Ernst Mayr, *Das ist Evolution*, S. 325 f.).

Diese Kenntnisse zu erweitern und zu vertiefen ist im Dienste unseres eigenen Überlebens als Spezies eine im wahrsten Sinn des Wortes lohnende Aufgabe. Darwins Ideen sind dabei wegweisend.

Weiterführende Literatur

Werke Darwins (Auswahl)

Eine neuere Gesamtausgabe der Werke Darwins in deutscher Sprache existiert leider nicht. Ein entsprechendes Projekt, das Anfang der 1990er Jahre in Angriff genommen wurde, ist aus wirtschaftlichen beziehungsweise verlagspolitischen Gründen gescheitert. Die drei evolutionstheoretischen Hauptwerke Darwins (Origin of Species, Descent of Man, Expression of Emotions) liegen allerdings in verschiedenen deutschsprachigen Ausgaben vor.

A Naturalist's Voyage (1839) [Reise eines Naturforschers um die Welt. Kröner, Leipzig 1909] [Reise um die Welt 1831–36. Edition Erdmann, Stuttgart 1986]

The Structure and Distribution of Coral Reefs (1842) [Über den Bau und die Verbreitung der Korallen-Riffe. Schweizerbart, Stuttgart 1876]

On the Origin of Species by Means of Natural Selection (1859) [Die Entstehung der Arten. Reclam, Stuttgart 1967] [Über die Entstehung der Arten durch natürliche Zuchtwahl. Wissenschaftliche Buchgesellschaft, Darmstadt 1988]

The Variation of Animals and Plants Under Domestication (1868) [Das Variieren der Tiere und Pflanzen im Zustand der Domestikation. Schweizerbart, Stuttgart 1906]

The Descent of Man, and Selection in Relation to Sex (1871) [Die Abstammung des Menschen. Kröner, Stuttgart 2002]

The Expressions of Emotions in Man and Animals (1872) [Der Ausdruck der Gemütsbewegungen bei dem Menschen und den Tieren. GRENO, Nördlingen 1986]

The Power of Movement in Plants (1880) [Das Bewegungsvermögen der Pflanzen. Schweizerbart, Stuttgart 1881]

The Formation of Vegetable Mould, through the Action of Worms, with Observations on their Habits (1881) [Die Bildung der Ackererde durch die Tätigkeit der Würmer mit Beobachtungen über deren Lebensweise. Schweizerbart, Stuttgart 1882]

The Autobiography of Charles Darwin (herausgegeben von seiner Enkelin Nora Barlow, 1958). Norton, New York

Bücher zur Geschichte der Biologie und Evolutionstheorie

Altner, G. (Hrsg.) (1981): Der Darwinismus. Die Geschichte einer Theorie. Wissenschaftliche Buchgesellschaft, Darmstadt.

Düweke, P. (2000): Darwins Affe. Sternstunden der Biologie. C. H. Beck, München.

Jahn, I. (1990): Grundzüge der Biologiegeschichte. G. Fischer, Jena.

Jahn, I., Schmitt, M. (Hrsg.) (2001): Darwin & Co. Eine Geschichte der Biologie in Portraits. 2 Bände. C. H. Beck, München.

Junker, T. (2004): Geschichte der Biologie. Die Wissenschaft vom Leben. C. H. Beck, München.

Junker, T., Hoßfeld, U. (2001): Die Entdeckung der Evolution. Eine revolutionäre Theorie und ihre Geschichte. Wissenschaftliche Buchgesellschaft, Darmstadt,

Mayr, E. (1984): Die Entwicklung der biologischen Gedankenwelt. Vielfalt, Evolution und Vererbung. Springer, Berlin–Heidelberg–New York.

Oeser, E. (1996): System, Klassifikation, Evolution. Historische Analyse und Rekonstruktion der wissenschaftstheoretischen Grundlagen der Biologie. Braumüller, Wien.

Stripf, R. (1989): Evolution – Geschichte einer Idee. Metzler, Stuttgart.

Wuketits, F. M. (1998): Eine kurze Kulturgeschichte der Biologie. Mythen – Darwinismus – Gentechnik. Wissenschaftliche Buchgesellschaft, Darmstadt.

Young, D. (1994): Die Entdeckung der Evolution. Birkhäuser, Basel–Boston–Berlin.

Zimmermann, W. (1953): Evolution. Die Geschichte ihrer Probleme und Erkenntnisse. Alber, Freiburg–München.

Biographien, Einführungen in Darwins Werk

Clark, R. W. (1985): Charles Darwin. Biographie eines Mannes und einer Idee. S. Fischer, Frankfurt/M.

Desmond, A., Moore, J. (1994): Darwin. Rowohlt, Reinbek.

Farrington, B. (1982): What Darwin Really Said. Schocken Books, New York.

George, W. (1982): Darwin. Collins, Glasgow.

Ghiselin, M. T. (1969): The Triumph of the Darwinian Method. The University of California Press, Berkeley–Los Angeles.

Gribbin, J., White, M. (1995): Darwin. A Life in Science. Simon & Schuster, London.

Heberer, G. (1959): Charles Darwin. Sein Leben und sein Werk. Franckh'sche Verlagshandlung, Stuttgart.

Hemleben, J. (2000): Charles Darwin mit Selbstzeugnissen und Bilddokumenten. Rowohlt, Reinbek.

Howard, J. (1996): Darwin. Eine Einführung. Reclam, Stuttgart.

Huxley, J., Kettlewell, H.B.D. (1965): Charles Darwin and His World. Thames and Hudson, London.

Mayr, E. (1994): ... und Darwin hat doch recht. Charles Darwin, seine Lehre und die moderne Evolutionstheorie. Piper, München–Zürich.

Rose, M.R. (2001): Darwins Schatten. Von Forschern, Finken und dem Bild der Welt. Deutsche Verlags-Anstalt, Stuttgart–München.

Schmitz, S. (1983): Charles Darwin. Leben – Werk – Wirkung. Econ, Düsseldorf.

Simpson, G.G. (1982): The Book of Darwin. Washington Square Press, New York.

Strathern, P. (1999): Darwin & die Evolution. Fischer Taschenbuch Verlag, Frankfurt/M.

Weber, T.P. (2002): Darwinismus. Fischer Taschenbuch Verlag, Frankfurt/M.

Wuketits, F.M. (1987): Charles Darwin. Der stille Revolutionär. Piper, München–Zürich.

Wuketits, F.M. (2003): Licht wird fallen auf die Herkunft des Menschen ... Charles Darwin und die Entdeckung der Evolution. Edition Archaea, Gelsenkirchen.

Wyss, W.v. (1958): Charles Darwin. Ein Forscherleben. Artemis, Zürich–Stuttgart.

Einige Arbeiten zu spezielleren Aspekten von Darwins Werk und Wirkung

Allan, M. (1980): Darwins Leben für die Pflanzen. Der Schlüssel zur «Entstehung der Arten». Econ, Wien–Düsseldorf.

Falk, H. (1971): 1 Grad Süd–90 West. Darwins Forschungsfahrt mit der «Beagle». Ueberreuter, Wien–Heidelberg.

Finkelstein, G. (2000): Why Darwin was English. Endeavour 24 (2), S. 76–78.

Glaubrecht, M. (2002): Alfred Russel Wallace. Der ewige Zweite. GEO, Nr. 12 (Dezember), S. 133–156.

Herbert, S. (1971): Darwin, Malthus, and Selection. Journal of the History of Biology 4, S. 209–217.

Lüke, U., Schnakenberg, J., Souvignier, G. (Hrsg.) (2004): Darwin und Gott. Das Verhältnis von Evolution und Religion. Wissenschaftliche Buchgesellschaft, Darmstadt.

Manier, E. (1978): The Young Darwin and His Cultural Circle. D. Reidel, Dordrecht–Boston.

Mayr, E. (1982): Darwinistische Mißverständnisse. In: Bayertz, K., Heidtmann, B., Rheinberger, H.-J. (Hrsg.): Darwin und die Evolutionstheorie. Pahl-Rugenstein, Köln, S. 44–57.

Pennock, R.T. (1995): Moral Darwinism: Ethical Evidence for the Descent of Man. Biology & Philosophy 10, S. 287–307.

Peters, H. M. (1972): Historische, soziologische und erkenntniskritische Aspekte der Lehre Darwins. In: Gadamer, H.-G., Vogler, P. (Hrsg.): Neue Anthropologie. Band 1: Biologische Anthropologie (Erster Teil). Thieme, Stuttgart, S. 326–352.

Richards, R. J. (1987): Darwin and the Emergence of Evolutionary Theories of Mind and Behavior. The University of Chicago Press, Chicago–London.

Ruse, M. (1983): Darwin and Philosophy Today. In: Oldroyd, D., Langham, I. (Hrsg.): The Wider Domain of Evolutionary Thought. D. Reidel, Dordrecht–Boston–London, S. 133–158.

Sieferle, R. P. (1994): Sozialdarwinismus. In: Baumunk, B.-M., Rieß, J. (Hrsg.): Darwin und Darwinismus. Eine Ausstellung zur Natur- und Kulturgeschichte. Akademie Verlag, Berlin, S. 134–142.

Stott, R. (2003): Darwin and the Barnacle. Faber and Faber, London.

Wuketits, F. M. (2004): Evolutionstheorie kontra Sozialdarwinismus. In: Brüne, M., Payk, T. R. (Hrsg.): Sozialdarwinismus, Genetik und Euthanasie. Wissenschaftliche Verlagsgesellschaft, Stuttgart, S. 37–48.

Einige Sachbücher zur Vertiefung der Grundlagen und Konsequenzen der Lehre Darwins

Dawkins, R. (1987): Der blinde Uhrmacher. Ein neues Plädoyer für den Darwinismus. Kindler, München.

Dawkins, R. (2001): Gipfel des Unwahrscheinlichen. Wunder der Evolution. Rowohlt, Reinbek.

Glaubrecht, M. (2001): Die ganze Welt ist eine Insel. Beobachtungen eines Evolutionsbiologen. Hirzel, Stuttgart–Leipzig.

Kutschera, U. (2004): Streitpunkt Evolution. Darwinismus und Intelligentes Design. LIT Verlag, Münster.

Mayr, E. (2003): Das ist Evolution. Bertelsmann, München.

Sommer, V. (2000): Von Menschen und anderen Tieren. Essays zur Evolutionsbiologie. Hirzel, Stuttgart–Leipzig.

Wuketits, F. M. (2000): Evolution. Die Entwicklung des Lebens. C. H. Beck, München.

Wuketits, F. M. (2001): Der Affe in uns. Warum die Kultur an unserer Natur zu scheitern droht. Hirzel, Stuttgart–Leipzig.

Abbildungsnachweis

Abb. 1: Aus: Adrian Desmond/James Moore: Darwin, Paul List Verlag, München, Leipzig 1992

Abb. 2, 3, 4, 5, 9, 10, 11, 13: akg-images, Berlin

Register

Aus dem Verlagsprogramm

C.H.BECK **WISSEN**

in der Beck'schen Reihe

Zuletzt erschienen:

2209: Rexroth, **Beethovens Symphonien**
2307: Rexroth, **Deutsche Geschichte im Mittelalter**
2340: Schwerhoff, **Die Inquisition**
2341: Riese, **Machu Picchu**
2342: Parzinger, **Die Skythen**
2343: Halm, **Die Araber**
2344: von Brück, **Zen**
2345: Müller, **Doping**
2346: Fritzsch, **Elementarteilchen**
2347: Thamer, **Die Französische Revolution**
2348: Schwertheim, **Kleinasien in der Antike**
2349: Jursa, **Die Babylonier**
2350: Chaniotis, **Das antike Kreta**
2351: Müller, **Berg Athos**
2352: Rudolph, **Islamische Philosophie**
2353: Böhm, **Geschichte der Pädagogik**
2354: Höllmann, **Die Seidenstraße**
2355: Tuchtenhagen, **Geschichte der baltischen Länder**
2356: Hösch, **Geschichte des Balkans**
2357: Alt, **Friedrich Schiller**
2358: Halm, **Die Schiiten**
2359: Braun, **Die 101 wichtigsten Erfindungen der Weltgeschichte**
2360: Schön, **Pilze**
2361: Wirsching, **Paar- und Familientherapie**
2363: Müller-Beck, **Die Eiszeiten**
2365: Hutter, **Die Weltreligionen**
2367: Schmidt-Glintzer, **Der Buddhismus**
2368: Ulrich, **Stalingrad**
2369: Vocelka, **Österreichische Geschichte**
2370: Stausberg, **Zarathustra**
2371: Schmidt, **Das politische System der Bundesrepublik Deutschland**
2372: Ehrismann, **Das Nibelungenlied**
2373: Schrenk/Müller, **Die Neandertaler**
2374: Selz, **Sumerer und Akkader**
2375: Kolb, **Der Frieden von Versailles**
2376: Gruber, **Wolfgang Amadeus Mozart**
2377: Maier, **Stonehenge**
2378: Wolf, **Die UNO**
2379: Demel, **Der europäische Adel**
2380: Theml, **Krebs und Krebsvermeidung**
2381: Wuketits, **Darwin und der Darwinismus**
2383: Auffarth, **Die Ketzer**
2384: Bannenberg/Rössner, **Kriminalität in Deutschland**
2386: Möhring, **Saladin**
2387: Dickmann, **Pompeji**
2500: Rümelin, **Paul Klee**
2501: Busch, **Adolph Menzel**